我决定简单地生活

小七 著

·北京·

内容提要

人活一世，我们总以为拥有的东西越多就越成功，其实懂得做减法，才是真正的大智慧。只要你认清事物的本质，排除一切杂念，就能整理好内心的混沌，掌握命运，从而拥有更自在的人生。全书由生活到思想，再由思想到生活，教会人们学会简单生活，实现幸福人生。

图书在版编目（CIP）数据

我决定简单地生活 / 小七著. -- 北京：中国水利水电出版社，2020.12
ISBN 978-7-5170-9195-0

Ⅰ.①我… Ⅱ.①小… Ⅲ.①人生哲学－通俗读物 Ⅳ.①B821-49

中国版本图书馆CIP数据核字(2020)第223461号

书　　名	我决定简单地生活 WO JUEDING JIANDAN DE SHENGHUO
作　　者	小七 著
出版发行	中国水利水电出版社 （北京市海淀区玉渊潭南路1号D座　100038） 网址：www.waterpub.com.cn E-mail: sales@waterpub.com.cn 电话：（010）68367658（营销中心）
经　　售	北京科水图书销售中心（零售） 电话：（010）88383994、63202643、68545874 全国各地新华书店和相关出版物销售网点
排　　版	北京水利万物传媒有限公司
印　　刷	天津旭非印刷有限公司
规　　格	146mm×210mm　32开本　7印张　163千字
版　　次	2020年12月第1版　2020年12月第1次印刷
定　　价	46.00元

凡购买我社图书，如有缺页、倒页、脱页的，本社发行部负责调换
版权所有·侵权必究

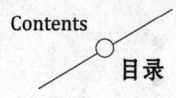

第一章

断舍离，
孤独才是人生常态

人都是孤独的，没有人逃脱得了 _ 002

多少人消失在通讯录中 _ 006

世界是自己的，与他人毫无关系 _ 011

断离舍，在复杂的世界做一个简单的人 _ 016

心浮躁了，人就会焦虑 _ 021

保持内心的澄澈与清醒 _ 025

平庸与独特往往只是一步之遥 _ 028

人一简单就快乐，一世故就变老 _ 032

CONTENTS

第二章 02

减法人生，
不要背着包袱前进

生活本不苦，苦的是欲望太多 _ 038

化繁为简，才是最高境界 _ 043

人生要学会做减法 _ 048

清扫内心的情绪垃圾 _ 053

学着克服爱计较的思维定式 _ 058

从那些烦心的杂事中挣脱出来 _ 063

背起行囊，带自己"私奔" _ 067

亲近自然，会发现新的人生感悟 _ 072

第三章 03

整理自己，
远离无效社交

不要因为害怕寂寞，而选择合群 _ 078

你要的美好，别人未必给得了 _ 083

越与他人比较，你会越不开心 _ 087

别人嘲笑你？当成耳旁风 _ 091

当不同的声音涌向自己时，要学会不动声色 _ 094

跟别人打交道，重在谦卑亲和 _ 098

开玩笑一定要注意尺度 _ 102

晕轮效应：避免因偏见伤人害己 _ 107

己所不欲，勿施于人 _ 112

CONTENTS

第四章 04

焦虑不断，
或许是你想得太多

"想太多"是一种妄想症 _ 118

学会倾诉，及时排空自己 _ 123

将压力转化为动力 _ 127

做事要认真，但不要总是较真 _ 132

人非圣贤，孰能无过 _ 136

告别迷茫的焦虑，拒绝做"空想家" _ 141

不要陷入争执的消耗中 _ 145

告别往日阴影 _ 149

未来很远，能把握的只有现在 _ 153

生活要有界限感，做人不要太热情 _ 158

不要做"要是我"先生 _ 161

第五章 05

专注做事，
别让无关的事情折磨你

一天二十四个小时，你是如何度过的呢？ _ 166

把生命"拉长"，提高时间的利用率 _ 171

别给他人得寸进尺的机会 _ 176

隐忍要把握度，不要将自己逼上绝路 _ 180

每个人都有自己的路要走 _ 184

将自己视若珍宝，别人才会重视你 _ 188

每个人都应该有属于自己的独立空间 _ 193

做人不可太精明 _ 198

让自己变成精神上的强者 _ 203

趁还年轻，坚守自己的意愿 _ 208

第一章

断舍离，
　　孤独才是人生常态

人都是孤独的，
没有人逃脱得了

《城堡》中有这样一段话："努力想得到什么东西，其实只要沉着镇静，实事求是，就可以轻易地达到目的。而如果过于使劲，闹得太凶，太幼稚，没有经验，就像一个小孩扯桌布，结果却是一无所获，只不过把桌上的好东西都扯到地上，永远也得不到了。"

很多现代人就处于一种很急切的状态中，让自己忙碌不停，急于抓到点什么，却发现自己依然双手空空。当你突然发现，你一直引以为傲的东西，在别人面前如此不值一提，或者别人才拥有更高的天赋，你只是处在最浅薄的那一层时；当你突然发现，每个人似乎都是如此与众不同，都拥有自己出众的才能，只有你似乎根本没有拿得出手的才艺和成就时；当你突然发现，无论是下里巴人还是阳春白雪，你都一知半解，全然没有说话的资格时;当你突然发现,你一直自豪的东西,面对追问和质询,其实如此不堪一击时……你又会怎么样?

  这种无力和自卑的感觉使他们无所适从,似乎永远都只是按照既定的平庸的轨迹一直走下去,即使想挣扎想制造些不同,却发现无能为力,或者以失败告终……是继续反抗还是就此妥协?你以为顺理成章的事,答案却是不可能实现。哭泣似乎也只能更显得你软弱。一直相信自己会在某个时刻一鸣惊人,却发现只是幻想。

  就像《悟空传》中的那句话:"我终于明白。我手中的金箍棒上不能通天,下不能探海,没有齐天大圣,只有一只小猴子。"

  现实不会宽容你的不足和错误,人生没有彩排,也没有重来一次的机会,至少要对自己负责。承认自己的苍白是难堪和痛苦的,但相比于对自己撒谎,还是好些吧!人生还有那么多事,绝不能一拖再拖了,至少不能掉队啊!

  "我像一个优伶,时哭时笑,久而久之,也不知这悲喜是自己的,还是一种表演。很多人在看着我,他们在叫好,但我很孤独,我生活在自己的幻想中,我幻想着我在一个简单而又复杂的世界,那里只有神与妖,没有人,没有人间的一切琐碎,却有一切你所想象不到的东西。但真正生活在那里,我又孤独,因为我是一个人。"

很多年轻人很迷茫，他们试着整理自己的心情，却发现只剩孤单。那些心情不是可以简单描述的，确实令人痛心的。有些事本身并不足以构成冲击，但是加了一些别的因素后，一切都不一样了。事情也许并没有改变，别人也许并没有什么意图，只是因为在意，所以会伤心；因为伤心，所以会不知所措。

有一种心结别人无能为力，自己必须经过痛苦才能蜕变；有一种孤单别人无法分享，自己必须经过咀嚼才能消化；有一种感觉别人无法体会，自己必须经过失望才能铭记。那些细微的感动，明明懂得，却很委屈；明明委屈，却也释然了；明明释然，却又心生藩篱。

美国作家理查德·耶茨曾说："如果我的作品有什么主题的话，我想只有简单的一个：人都是孤独的，没有人逃脱得了，这就是他们的悲剧所在。"

孤单，只是一个人的事；孤独则是一群人的事了。孤独，也许没有什么不好。电影《千与千寻》中有一句台词："以后还有很漫长很漫长的路途，都要一个人走完，都要靠自己，凭借自己的能力去完成，而不是依靠谁。"与自己相处，同自己对话，我才能更加看清自己现在的模样。"哀，莫过于心死。"伤心、失望至少证明我们还有不甘，还没有放弃自己。

蒋勋先生说："孤独没什么不好的，使孤独变得不好的，是因为你害怕孤独。""孤独和寂寞不一样，寂寞会发慌，孤独则是饱满的。"周国平先生也说："怎么判断一个人究竟有没有他的'自我'呢？有一个可靠的检验方法，就是看他能不能独处。当你自己一个人待着时，你是感到百无聊赖、难以忍受呢，还是感到一种宁静、充实和满足？"

叔本华比周国平走得更远，他把不能独处的人基本上当成了一种低能儿，他也否定了把社交作为幸福来源的可能："一个人在大自然的级别中所处的位置越高，那他就越孤独，这是根本的，同时也是必然的。如果一个人身体的孤独和精神的孤独互相对应，那反倒对他大有好处。否则，跟与己不同的人进行频繁的交往会扰乱心神，并被夺走自我，而对此损失他并不会得到任何补偿。"

每次的独处，都是提升自我的机会，人都需要一个相对独立的空间，在这里，你是安全的，是宁静的，可以坦然面对自己的丑陋和缺点，并汲取继续前行的力量。

多少人消失在通讯录中

很多人翻看自己的微信通讯录,发现好多人是许久不联系的,或者直接不记得是谁了。

毕业之后,我们新增的联系人主要是同事、客户或者在工作中遇到的人,似乎与他们的联系都只是由于工作原因,回家之后,除了三五个关系深厚的朋友,就没有其他的联系人了。这三五个人不知道哪一天也就不再交谈了。

一个号码的距离,不仅是地域和时间的差别,更多的是心灵的距离吧。毕竟,在无法面对面的情况下,假装不在也是很容易的。而那些真正在乎的人,即使相隔万里,也会放在心里,经常保持联络吧。

张爱玲有过一段著名论断,她说:"有些人一直没机会见,等有机会见了,却又犹豫了,相见不如不见。有些事一直没机会做,等有机会了,却不想再做了。有些话埋藏在心中好久,没机会说，等有机会说的时候，却说不出口了。有些爱一直没机会爱，等有机会了，已经不爱了。有些人有很多机会相见的，却总找借口推脱，再想见的时候已经没机会了。有些话有很多机会说的，却想着以后再说，要说的时候，已经没机会了。

有些事有很多机会做的，却一天一天推迟，想做的时候却发现没机会了。有些爱给了你很多机会，你却不在意，想重视的时候已经没机会爱了。

人生有时候，总是很讽刺。一转身可能就是一辈子。

说好永远的，不知怎么就散了。

最后自己想来想去竟然也搞不清当初是什么原因分开彼此的。

然后，你忽然醒悟，感情原来是这么脆弱的。

经得起风雨，却经不起平凡；风雨同舟，天晴便各自散了。也许只是赌气，也许只是因为一件小小的事。

幻想着和好的甜蜜，或重逢时的拥抱，那个时候会是边流泪边捶打对方，该是多美的画面。没想到的是，一别竟是一辈子了。于是，各有各的生活，各自爱着别的人。

曾经相爱，现在已互不相干。即使在同一个小小的城市，也不曾再相逢。

某一天某一刻，走在同一条街，也看不见对方。先是感叹，后来是无奈。也许你很幸福，因为找到另一个适合自己的人。

也许你不幸福,因为可能你这一生就只有那个人真正用心对你。很久很久,都没有对方的消息,你也不再想起这个人,也是不想再想起。"

不只是QQ、微信、电话……一个简单的号码,却似隔着万水千山。在快节奏的今天,很多人闲来无事,翻出电话簿,一些不熟的,记不起来是谁的,或者觉得以后再无交集的,很可能就删掉了。今天,你删掉了一些人,但同时你也肯定被一些人删掉了,就像彼此从来没有出现在对方的生命里。

电子时代真的成了一个快速消费的时代,包括情感消费。匆匆认识的人,可以很轻易地交换号码,很迅速地建立联系,说着真心或虚伪的话,或是为了某个正经要事,或只是为了排遣寂寞,只是当需要满足之后,似乎也就失去了继续下去的意义。每个人都那么忙,没有时间去了解彼此、关心彼此,更没有精力去苦心经营一段长期的关系。

一直觉得,现在的通信这么发达,彼此的联系应该是轻而易举的,怎么可能随着距离而减弱,甚至再也不联系,再也不见面?也许正是因为电子和网络联系的快捷,彼此的交往缺乏了一些用心和付出,缺乏了一些朝夕相处,我们只传递自己想让对方了解的,却在无形中建立了彼此的隔阂。没有成本和代价的东西,总是显得廉价。

似乎真的是越长大,越孤单,可怕的不是地理上的距离,而是心的距离与麻木。那些永远不会删除,经常保持联络的电话号码总逃不过那几个,来来去去,一个人身边的位置终究是有限的。

你对这应该不陌生:独门独户的布局组成的小区单元楼,只是地理距离的缩短,不仅无益于邻里之间感情的增加,反而造成了更深的隔阂和更远的距离。往昔家长里短热闹寒暄的场景,被一墙之隔的不认识所取代,人与人之间的冷漠立刻无所遁形。那些林立的高楼不仅让城市变得暗无天日,甚至干扰了人与人之间的气场和情感电波的交流。"以真心换真心",但当人们吝啬于交付自己的真心时,又如何换得来别人的全心全意呢?

不是一切事情都要贴上功利的标签。现代社会的节奏的确越来越快,我们可以接受现状,但是不能被同化,千万不能因为世间纷扰,就舍弃了真正重要的东西。尤其是那些一直留在你身边的朋友,更要懂得珍惜,那些一起度过的时光是不可替代的。就像被随意分配在同一宿舍的几个人,总是从陌生人变成亲密的人,这种缘分,妙不可言。也许偶然相识,但是永恒需要用一生去抒写,需要用真情去经营。

虽然需要接受离别和失去,但更重要的是珍惜现在拥有的,相聚散场,分离重遇,这样的世界才有希望。

每个人都身处在一个巨大的迷宫中，或者擦肩而过却看不到彼此，或者苦苦追寻却求而不得，或者偶然相遇却又匆匆分开，或者终其一生也没有相见的机会。

但是，也许正是因为一再错过，才使留下的更加珍贵。用号码维系的关系必然是薄弱的，但是加以之感情付之以真心，它只会使彼此的关系更加紧密。

"原来你也在这里"，也不失为一种美好吧！

世界是自己的，
与他人毫无关系

有一项调查显示，75%的人并未察觉自己具有的天赋以及自己可以用天赋去解决的某个问题。因为缺乏自省，便错过了一次次发现自我、突破自我的绝佳时机。你的痛苦是一个信号，提醒你在意什么，提醒你理想在哪里，提醒你需要改变，提醒你遵循自己的天赋和内心！

获取幸福的错误方法莫过于追求花天酒地的生活，原因就在于我们企图把悲惨的人生变成接连不断的快感、欢乐和享受，这样幻灭感就会接踵而至；这种生活必然伴随着人与人的相互撒谎和哄骗。喧闹带给你的绝不是安全和快乐，若你沉沦于花天酒地，便失去了向高处攀爬的机会；若你在杂乱的环境中明哲保身，便会更深刻地从环境的反差中感受到孤独甚至痛苦。日子就在你的反复和纠结中一天天过去了，时间就这样被虚耗，既无法尽情享乐，又无法独自前行。

我们应该有勇气去面对真实的内心，即使前面荆棘满地，也要坚定地走下去。为了不浪费你的这一辈子，遵从天赐之福吧。也许就像卢梭所说："不是爱情，不是金钱，不是名誉，不是公平……请给我真理。"

远离那些纷扰，获得与自己独处的宁静吧。把握转折点，顺势而为；享受终点，尘埃落定。很多说说而已的或许并不是你真正在乎的；其实一旦下定决心，事情就容易了。

《悟空传》中有这样一段话："我要这天，再遮不住我眼；要这地，再埋不了我心；要这众生，都明白我意；要那诸佛，都烟消云散！"

小白龙说："原来一生一世那么短暂，原来当你发现所爱的，就应该不顾一切去追求。因为生命随时会终止，命运是大海，当你能畅游时，你就要纵情游向你的所爱，因为你不知道狂流何时会到来，卷走一切希望与梦想。"

面对山的阻隔，除了移除它、翻越它，也可以重新再造一座更高的"山"，这样你不仅有跨越它的途径，更可以了解到山的那边是否值得去，山的周围是否有更好的选择。其实，最重要的是，选择自己最擅长和喜欢的方式，并坚定勇敢地走下去。尤其在身处低谷时，那些你无法舍弃的才是你真正在乎的，那些你愿意奋力一搏的才是内心的召唤。

很多时候，人们的痛苦往往来自于不合时宜的比较。专注并忠实于自己从来不是一件容易的事。"祸是说出来的，病是吃出来的，烦恼是比出来的。"

一时的成败并没有那么重要，重要的是自己能够每天进步一点点。一天到底可以改变多少，谁也不知道。但肯定的是：人比人，气死人；天外有天，人外有人。

当你把自己的安全感和满足感建立在同他人的比较上时，你所能感受到的大多是比不过和被超越的痛苦。

在《白雪公主》的故事中，新王后总是问墙上的魔镜："魔镜魔镜告诉我，谁是世界上最漂亮的人？"如果魔镜说是王后，她就会心花怒放；一旦有人比王后漂亮，她就会恼羞成怒。是不是觉得王后很可怜甚至很可悲？依赖于他人的评价和比较总是不靠谱的，人最大的敌人是自己，正如几米在《我的心中每天开出一朵花》中所说的话："终于明白，一个人是无法抵挡所有事情。有时候一朵白云的阴影，也会令人窒息。风轻柔地吹散阴影，小鸟轻松地衔走白云。微风可以做到的，我未必能做到。小鸟可以做到的，我未必能做到。你能做到的，我未必能做到。"不是所有人都能做大事，但我们做的小事却蕴含着大爱。适合自己的才是最好的，你唯一能把握的不过是自己！

勇敢的人面前总是有路，怯懦的人面前总是有墙。也许这面倒向你的墙，让你无法呼吸，也许会让你失去一切，但是如果沉默地接受，那么，倒向你的还是那面墙；如果你挺起胸膛，抬起头来，你会发现很多事情不是我们想象的那么糟。总有些事需要一个人面对，总有些路需要一个人走，别人陪不了你。一个人不善于面对自己，不会审查自己的内心，这也是一种心智的欠缺，而这种欠缺往往是我们所忽略的。至少，此时此刻我终于能够想起这些问题了。

有时，成长是一辈子，积累是一阵子，改变却是一下子。正如杨绛百岁时写下的感悟：我们曾经如此渴望命运的波澜，到最后却发现：人生最曼妙的风景，竟是内心的淡定与从容；我们曾如此期盼外界的认可，到最后才知道：世界是自己的，与他人毫无关系。

《悟空传》

今何在
我只要适合我的，
其他千种纵然再美，
拿了它终是枯萎。
如果是魔鬼，

就放到地狱，

哪怕煎熬也心甘情愿；

如果是天使，

就放到天堂，

哪怕寂寞也甘之如饴；

万不能因为在人间，

就忘了自己本来的模样。

断离舍，
在复杂的世界做一个简单的人

在日本的繁华大都市有这样一群女孩，年轻的她们心地纯洁，天真、不做作，热爱生命，活在当下，珍视并享受生活中点点滴滴的快乐和幸福。她们不虚荣，不追求名牌奢侈品，穿着舒适随意，从不浓妆艳抹，从面容到发型服饰，整体给人一种刚走出大森林那样清新自然的感觉，她们被称作"森林系女孩"，简称"森女"。这个概念传入国内后，我们的身边也越来越多出现这种淳朴、清新的年轻姑娘，她们生长经历各异，性格各不相同，却普遍都有着雏菊一样恬然生长的心绪，当她们穿过车水马龙的闹市，仿佛给浮躁的人群吹来了一阵阵凉爽的微风。

在家居创意设计行业工作了5年的女孩丁玲，就是一个名副其实的"森女"，其实早在这个时髦的称谓在都市中风靡之前，她就已经骑着小小的单车穿过大街小巷，随遇而安地过着简单恬淡的小生活。

打开丁玲的衣橱，没有什么昂贵大牌，也没有皮草华服，只有自然、舒适、返璞归真的棉麻布褂小衫，她不喜欢那些需要机器工业繁复加工的高科技材料，更不喜欢动物的毛皮。虽然工资收入早已超过一般白领，但她不追求名牌，不爱珠宝首饰，也不盲目高消费，每个月收入有将近一半都贡献给了一个旨在恢复湿地生态的公益项目上。她有能力买汽车，却坚持每天骑着自行车出行，对她来说，生活的城市虽然不小，但步行或骑车能满足日常需求，低碳环保又能锻炼身体；去远处时，可以坐地铁或搭乘公交，便宜便捷，还可以免受堵车之苦。

虽然公司提供免费自助工作餐，但丁玲从不会浪费食物，跟朋友们一起出去吃饭，也总是劝大家少点些菜，不要铺张浪费，如果有没吃完的东西会打包带走。她所在的行业竞争激烈，但她不愿意把竞争对手当做"敌人"，更不会带着恶意去与人攀比，能够做出点成绩，照亮这个世界中一个小小的角落就让她感到心满意足。她乐于助人，就算现在新闻里有那么多关于"碰瓷"的负面报道，但遇到身陷困境的人，她还是会忍不住伸出援手。丁玲是个戴着"有色眼镜"看人的主观主义者，她的"有色眼镜"是彩虹的颜色。在她眼里，没有什么人真正坏到十恶不赦，如果被他人伤害了，她也会难过哭泣，但绝不会让仇恨在自己的心里落地生根，她相信幸福的秘诀不是斤斤计较而是包容宽恕。

有人质疑丁玲这样的女孩是不是在"赶时髦"，怀疑她的随性与淡然是装出来的，丁玲自己不知道怎么去反驳，只是觉得与世无争的"森系生活"更适合自己。这世界很大，摊开双手，掌心却很小。她读书时也曾想过以后要狠狠拼搏奋斗，过上呼风唤雨的成功生活，但做着自己不擅长的事，还得装着迎合别人的喜好，带给她的不是成功的喜悦，反而是沉重的压力。她一度怀疑自己到底是在为了什么生活，一条价值数千的连衣裙，一顿花销好几百的晚饭，小心翼翼选择着与人对话的措辞，为了赢得异性的好感忍着疼痛踩上高跟鞋，值得吗？可是裙装季季换新，精美的食物只能饱餐一顿，在酒肉朋友心中她不过是一条"人脉"，苦心经营的爱情不一定能常保持新鲜。

丁玲安慰自己说生活其实没有那么复杂，但让她不满足、不快乐的事总是会发生，越是想要得多，越是疲于奔命，越是不快乐。直到她审视自己的生活方式，发现只有从自己内心开始改变，心中放下了，生活才能真的变简单，看世界的眼光不一样了，想要的东西不一样了。从欲望的旋涡里挣脱出来，丁玲成了一个清爽的"森系女孩"，跟随自己的心，过着让自己心满意足的小日子。

为什么要遵从自己的内心？因为除此之外，没有其他的方法能让一个人全然放松和舒适，在不伤害他人的前提下选择自己喜欢的生存方式。生活这件事，往复杂了说，惊天动地、海阔天空，真是多少篇幅也讲不完；往简单了说，生下来，便活着，闭上眼睛充分休息，睁开眼睛又是全新的一天，尽量做自己想做的事情，尽量满足自己的欲求，当欲望不那么大时，小小的所得就能填满内心的渴望。

天堂未必能靠祈祷得来，但地狱一定藏在欲望之中，就像柏拉图说过的那样——决定一个人心情的不是环境，而是他的心境。挫败感、不满足不会管你是不是足够努力了，只要你拼命地"想得到"，得不到时就必然会受到消极的刺激。须记得，总是先有"危楼高百尺"，后有"手可摘星辰"，如果殚精竭虑地建筑摩天大楼让你感觉吃不消，为什么不躺在草地上仰望遥远的星空呢？小草和野花近在咫尺，晶莹的露珠一样值得流连垂青。

做一个简单的人，轻松过活，你要学着停止如下行为：

1.钟情于更贵而不是更合适的商品。盲目追求名牌和高价商品是恶性循环开始的信号，这个标准直接导致——吃早餐时，支付1万元比支付10元时更让你开心，没有那1万元，早餐就不能给你带来更多快乐。

2. 对别人羡慕嫉妒恨。别人的样子长得好，别人的伴侣脾气好，别人的汽车更豪华，别人的父母更有权势，别人的工作更轻松，世上有太多的好东西不属于你，那又怎么样呢？难道有谁可以占有一切吗？

3. 否定自己和自己拥有的。尤其不要抱怨父母给的不够多、不够好。要知道，他们给了你生命，那些你看不上的东西，已经是他们能提供的所有。

心浮躁了，
人就会焦虑

曾有人说："在浮躁时代，谈心灵是一件奢侈的事。"

金钱、名利、欲望，就像悬吊在空中的球，不停地摇摆，迷惑着人们的心灵和眼睛。真正懂得生活、理解生命、感悟人生的人才会幸福，而在喧嚣尘世之中追随物质的人，在日复一日的奔忙中，虽然生活在物质上得到了极大的满足，但心灵却未能得到真正的升华，反而愈发空虚。

当我们驻足于城市的某个角落，看到的往往都是行色匆匆的脚步，漠然麻木的面孔，为一点儿小事就能吵得天翻地覆的尴尬。头顶上那片蓝天，路旁盛开的蔷薇，耀眼的霓虹灯光，没有几个人愿意为之停留。在琐碎匆忙的时光里，我们的生活少了许多悠闲、自在和宁静，这些原本纯粹而简单的事物，成了浮躁时代的奢侈品。

心浮躁了，人就会焦虑。哗众取宠、急功近利、随波逐流，变成了生活的基调；价值观的错位，沉淀不下心性做事，好高骛远、脾气暴躁，也纷纷来袭，侵蚀了我们的平常心。殊不知，越是浮躁，越是心急，越是难以如愿。

　　小雅家里条件不好，从小饱尝了旁人的冷眼。忘了从什么时候起，她把金钱当成了自我价值的标尺和人生的目标。她自学了会计，在职场摸爬滚打十余年，最终进了一家中等规模的公司，后升职为财务经理。任职期间，她被老板蛊惑，给公司做假账，隐瞒了部分货物的销售收入。靠着做假账拿的外快，她买了车，租了高档公寓，惹得不少人艳羡。她觉得好日子才刚开始，却没料到一切都要结束。耍小聪明、走捷径，踩着法律和道德的底线走，最终得不偿失，悔恨一生。

　　小美长得漂亮，脑子机灵，但虚荣心比较强。男友爱她，也就在力所能及的范围内满足她的需求。交往几年，两人把结婚提上了日程。为了给她一个安稳的家，男方付全款买了房。在这个高房价的时代，能够不用当房奴就住上宽敞明亮的房子，着实满足了她那份强烈的虚荣心。一时间，她成了同事、朋友、亲戚眼中的幸福女人，一切只因她嫁得好。

　　可是，临近婚期的时候，她却生出了事端，非要男方家买一辆30万元的车。男友跟她商量，说希望能够把条件放低一点，买个十万左右的车。她不同意,非说买不起想要的车就不结婚。她倒并非只看重物质而不爱男友,只因不久前她那位样貌才学都很普通的表姐,嫁了一位有钱的帅哥,生活品质一下子就变了,这让她心里很不舒服。在男友面前,她也没多想,一股脑儿就把自己的想法说了出来。

男友夺门而去。这一走,他们之间的感情也彻底断了。男友一周后打电话给她说:"我想重新考虑一下自己的婚姻。每个人都有虚荣心,可凡事得有度,物质不是一切,很多东西是钱买不来的。我不是你那位有钱的表姐夫,也满足不了你的虚荣,我还是愿意找一个淡然点儿的女人,跟我过一辈子,所以……"相恋四年,所有的青春、所有的美好,全部在虚荣的旋涡里丧失了。

小七脾气暴躁,动不动就与人发生争执。公交车上,谁不小心踩了她一下,就要忍受她一路的唠叨。哪怕对方开口道歉,也得不到原谅。单看外表,她的穿着打扮也算有品位,可私底下,同事们都说她是金玉其外,败絮其中。她何尝不知道暴怒易伤身,又何尝不想做一个性情温和的人,可一遇到事的时候,就控制不住自己的情绪了。几次下定决心要改改这浮躁的性格,可心里就像是有一团莫名的火,稍有点风吹草动,就会烧起来。

不愿意脚踏实地地生活,希望奇迹能在瞬间出现;注重浮夸的表象，追求虚假的荣耀，忽略了纯粹而真挚的感情，错失了生命里最珍贵的东西；内心修炼不够，动不动就与人争吵，言行上一点儿亏都不肯吃，锱铢必较……说到底，都是因为心浮气躁。当欲望、虚荣、愤怒、狭隘统统占据了心灵，幸福就无处安放了。

　　浮躁的时代，我们需要一颗淡定的心。你看，那些气质优雅、不愠不火的人，心灵深处无不都蕴藏着一股清泉，随时提醒自己，熄灭欲望与愤怒的火焰，保持一份清凉。他们不是看不懂世间的是是非非，只是知而不随，能够按捺住自己骚动的心，守住默默无闻时的平淡与孤独。

　　要戒掉浮躁，先要放下攀比，当自己与他人之间的情况全然不同，差距太大时，不要逞强比较，那不过是在折磨自己。没有可比性的比较，只会让自己心理失衡，情绪失控。放下了攀比，也就不会成为欲望和虚荣的傀儡。

　　此外，在生活的细节上，也要尽量保持一颗平静的心。说话的声音放得低一些，语速放慢一点，不急不躁，微笑待人，由内至外散发出祥和宁静的气息。这样的人，无论岁月如何变迁，总会令人另眼相看；而他们那份能与岁月、与他人、与自己和平共处的姿态，也注定会让魅力与幸福一生相随。

保持内心的
澄澈与清醒

心如一潭浑水,事必不能理顺。心里想要的东西太多,方向太多,反而会迷茫;目标单一,心思单纯澄澈,反而容易在一条窄路上走得很远。保持内心的澄澈与清醒,适时观察自己的处境与状态,找准自己的定位与方向,做人做事才能灵活起来。

苏力在朋友担任老总的公司里供职,为了朋友的信任和自身价值的实现,兢兢业业、任劳任怨,在几次大的业务活动中表现出色,深受老总赏识。但是随着公司的规模越来越大,他和老总在关于公司企划问题的处理上看法不一,甚至分歧很大。苏力不愿因为彼此的意见不合而伤了他们多年来的情分,也不愿违背自己的意愿做事。他向别人倾诉,那段日子他像钻进了一个没有门的围城,毫无方向,他不停地问自己该怎么办。

他的另一个朋友给他讲了琴手谭盾的故事：谭盾初到美国时，只能靠在街头卖艺生存，那时有一个最赚钱的地盘——一家银行的门口。和谭盾一起拉琴的还有一个黑人琴手，他们配合得很好。后来谭盾用卖艺赚来的钱进入大学进修，十年后，谭盾已是一位国际知名的音乐家了。一次他发现那位黑人琴手还在那家银行门前拉琴，就过去问候。那位黑人琴手开口便说："嘿！伙计！你现在在哪个赚钱的地盘拉琴？"

故事告诉人们：人，必须懂得及时抽身，离开那些看似最赚钱却不能再进步的地方；人必须鼓起勇气，不断学习，才能开创出人生的另一座高峰。

很多人不愿意放弃自己所拥有的东西，虽然这些东西给你带来过快乐，但是它就像手中的沙子，你越想把它抓紧，它就越是从你的指缝中溜得快。其实放弃也是一种智慧，它能让你更加快乐。

有位留美的计算机博士毕业后在美国找工作，结果好多家公司都不录用他。思来想去，他决定收起所有的学位证书，以一种"最低身份"去求职。

不久，一家公司录用他为程序输入员。这实在是大材小用，但他仍干得一丝不苟。不久，老板发现他能看出程序中的错误，非一般的程序输入员可比。这时，他亮出学士证，老板给了他一个与大学毕业生相称的工作。

过了一段时间,老板发现他时常能提出许多独到的、有价值的建议,远比一般大学生高明。这时他亮出了硕士证。老板又提升了他。

再过一段时间,老板觉得他的能力还是高人一筹。经了解,才得知他是博士。这时,老板对他的水平已有了全面认识,毫不犹豫地重用了他。

在协调两种期待的策略上,那位留美博士的反序安排,给人的启迪意味深长。

人们在尘世的喧嚣中日复一日地奔波劳碌着,像蜜蜂般振动着生活的羽翅,难免会有种种不安。只要平静地对待取舍,放弃应该放弃的,轻松地放飞自己的心灵,用一种乐观的情绪观察周围的一切,就会发现,其实,置身于尘世的喧嚣并不可怕,可怕的是过于沉重地审视尘世的喧嚣,而使自己的心充满躁动的喧嚣。

平庸与独特往往只是
一步之遥

总有一些人天生与众不同。

去丽江旅游,途中认识了一个名叫小米的女孩。她是厦门大学大二的学生。个子高高的,皮肤白皙,梳着马尾辫,看上去朝气蓬勃。

她说,她的梦想是周游世界。她打算先从国内开始。于是18岁那年,她带上暑期打工挣来的钱,去了"山水甲天下"的桂林。开始,父母强烈反对,担心一个女孩子单独出行不安全。但几年下来,爸爸妈妈已经习惯了她的远行。

我问她,只用暑期打工挣来的钱,够你旅行的开销吗?

她说,钱当然是很紧张的,我纯属穷游。我不想伸手向父母要,因为旅行是我个人的事。我自己的事我自己来处理。只要我能保护好自己,安全回到他们身边,就是对他们最好的交代。至于旅行中遇到的一切问题,我必须学会自己去面对、去解决。我不能因为自己的爱好而增加父母的负担。

我又问,为什么不等大学毕业,有了工作,经济稳定后,利用休假的时间再去旅行呢?这不比现在穷游更好吗?

小米笑嘻嘻地说,姐姐,有钱是可以更好地享受,能给旅行提供诸多方便,但对我而言,旅行是一种修行,可以让人认识另一个自己。我在旅行中变得更加自信,学会了独立,学会了与人相处,眼界更加开阔。这些都不是金钱能够买来的。很多事情,也许只有在年轻的时候才有勇气和胆量去做。青春很短暂,我担心再不疯狂就老了……

小米的话,让我听得很激动。我不得不承认,我是太没有冲劲儿了啊!

是的,再不疯狂就真的老了。彼时青春年少,受三毛的影响很深,发誓将来也要像她一样做个背包客,走遍天涯海角。但当年只是想想,却不敢有小米这样说走就走的勇气。如今,虽然偶尔也出去旅行,但无论是体力还是心态,早已经不复当年了。

我们总是习惯对自己说,等有钱了就怎样怎样,等我有时间了就怎样怎样……可是,当等到有钱的时候,却发现没有时间了;等有时间的时候,很多事都已经时过境迁了。没有什么人或事会一成不变、一如既往地在原地等你的。所以，趁还年轻，想做就去做吧，比如来一场说走就走的旅行，或者来一次华丽的冒险，因为这是年轻人的专利。

小米想要的很简单，其实任何纯粹、快乐的人，想要的都很简单。

单位里，有个女孩，特别受人欣赏和喜爱。有一天，她来上班的时候，手里提着一个非常有特色的包包。包包的图案富有异域风情。大家问她是从哪里买的。

她傲娇地告诉大家，这是她自己的作品，原创的。原来她对包包一直情有独钟，而那些名包不是任何人都买得起的。即使买得起，也未必适合自己。于是，她就自己动手，制作了专属于自己的包包。她说，满大街找不到一个包包和她的一样的，她很有成就感和满足感。

是的，有时候做一件事，不需要花什么钱，就能让自己无比满足。

我相信，每个人都希望自己与众不同，但与众不同不应该仅仅表现在表面上，比如标新立异的装扮，一些无厘头的语言或者通过做一些过激的举动来求关注。真正与众不同的人应该是，有成熟的思想，有执着的追求，做事有自己的原则，敢于坚持自己；不模仿不攀比，气质独特，生活追求品位，有独特的个人见解，敢走一条别人不敢走的路。

　　我们还可以通过运动健身、休闲时尚来张扬我们的青春，可以通过大方得体的衣着、优雅脱俗的举止来提升自己的魅力，可以用满腹诗书来滋养我们的心灵，用真诚和友善来驱散生活的忧伤。

　　其实，每个人都具备一些与众不同的特点，只是在成长过程中，有的人把自己许多优秀的特质给丢了。他们为了迎合世俗，为了取悦或者试图成为某个人，而把真实独特的自己隐藏了起来，逐渐就"泯然众人矣"！这世上，每个人都是独一无二的，选择做自己是非常重要的事。你无须成为任何人，做你最优秀的自己，比做任何人的复制品都来得好。

　　所以，人要释放自己，取悦自己，活出与众不同的自己。

　　青春非常短暂，稍纵即逝。平庸也是一生，不凡也是一生，人有什么样的选择就走什么样的路。想要自己的人生与众不同，那么就要自己创造条件改变自己，取悦自己，让自己活得精彩。

　　有时候，平庸与独特往往只是一步之遥。我们可以不够好看，但必须独具特色。放眼望去，这个世界里真正富有魅力的人，往往都是那些灵魂独具魅力的人。

人一简单就快乐，
一世故就变老

"人一简单就快乐，一世故就变老。保持一颗年轻的心，做个简单的人，享受阳光和温暖，生活就应当如此。"这句话道出了快乐的哲理：简单能让人知足，知足能让人快乐。

世间的事情原本都是很简单的，只是我们经常人为地把它们复杂化了。有时我们认为事情若不复杂，就不足以显示自己的过人之处，于是慢慢地把事情搞得越来越复杂，最后兜兜转转才发现，这原本只是一件很简单的事。

其实，生活没有那么复杂，只是你想得复杂了，内心才会多出些无谓的担忧，无形中把快乐遗忘了。

虽然这个世界不像童话世界那么美好，但也没有那么糟糕，也不意味着我们每个人都必须选择复杂地活着。美国作家丽莎·茵·普兰特说过:"当你用一种新的视野观察生活、对待生活时,你会发现许多简单的东西才是最美的,而许多美的东西正是那些简单的事物。"

英国教育家罗素在一次课堂上给学生们出过这样一道数学题目:"1+1=?"当题目写在黑板上时,坐在底下的高才生们竟然面面相觑,没有一人作答。几分钟过后,还是没有人回答。罗素见状,毫不犹豫地在黑板上的等号后面写上了2。他对学生们说:"1+1=2,这是条真理。面对真理,我们有什么好犹豫和顾忌的呢?"

没错,罗素的一句话点醒了我们,面对这样简单但真实的问题,我们不该犹豫和顾忌。生活简单一些,欲望少一些,自由多一些,过自己的生活,不要与他人攀比,简单就是最好的幸福。

徐曼一直是个追求简单的女人,她崇尚自然,不爱化妆,性格豪爽。一天,完美主义者堂妹徐玲神秘兮兮地告诉她:"姐,我带你去一个地方,让你当一天公主,保证会带给你惊喜。"于是徐玲拉着她进入了一家美容院。

几个小时后,出来的徐曼已经变成了另外一个人。徐玲惊讶地说:"哇,堂姐你经过这么一打扮完全变成大美人啦。你看面部的精致妆容,头上优雅的发髻,身上凸显身材的礼服裙,脚上那充满女人味的高跟鞋。简直是完美啊！现在我们就可以出发了。"

徐曼紧张地跟在徐玲后面走，看着大街上的人向她投来的各种目光，羞涩地将头低下，上前挽着徐玲的手一直问："你要干什么？要带我去哪里啊？"徐玲还是很神秘地回答："去了就知道了。"

一进去，徐曼吓了一跳，这是传说中的名流宴会。因为堂妹是一家时尚杂志社的总监，所以经常有这样的机会参加宴会。整个宴会，徐曼感觉很不自在，仿佛与这个圈子格格不入。女人们聊名牌、聊美容、聊各国旅行……徐曼一句话都难以插上。看着不远处的堂妹正和别人聊得热火朝天，而自己还时不时地担心裙子走光，妆容会不会花掉，这样活着多累啊，一天都在担心中度过。晚上回家堂妹问她："姐，这种生活很好吧？看，你今天多漂亮啊！"徐曼接过话来说："这种生活还是不适合我。这样让人不安的生活对于我来说实在太累了，我还是喜欢素面朝天，随性地活着。"

徐玲就好比一杯令人迷醉的红酒，而堂姐徐曼则是一眼清爽的甘泉。两者都是生活中美丽的风景。但与精致相比，简单更令人活得自由。简单并不是不注重形象，并不是懒惰，并不是没有目标，而是一种心灵的简单。简单的女人一样很爱自己，她们会给予自己不可或缺的东西，但她们不会为了一个造型而花费几个小时，这段时间她们可能听音乐、可能做运动，充实自己。她们可能大爱休闲装，爱运动休闲鞋超过高跟鞋。

简单的心情就是让自己过得单纯。心情烦闷时，穿上运动衣裤，来个两千米慢跑，让自己出一身汗，再冲个热水澡；工作压力大时，走到室外，对着蓝天白云，张开双臂，做几次深呼吸，大吼几声……开心了就笑，难过了就哭，没必要遮遮掩掩。人生短暂，干吗给自己的简单情绪贴上复杂的标签呢？其实，越简单越会让人感到快乐。

因此，我们要明白1加1就等于2，千万不要再将身边的任何一件事情复杂化。这样你的快乐就会不期而至。

我们在社会上打拼，经历了太多的磨炼，内心难免复杂化。然而，世界上没有复杂的事，复杂的只是人心和欲望。尝试以单纯的眼光看待事物，你会发现一切事物都是简单的，简单到只需回答"是"或"否"就够了。

第二章

减法人生，
不要背着包袱前进

生活本不苦，
苦的是欲望太多

35岁的木先生是一家公司的客户主管，经常奔波于各大城市之间。那是一个周五，木先生上午抵达昆明，中午约见客户，下午6点的回程机票。本想早点回去能陪陪女儿，谁料飞机晚点，他只得在候机室等待。焦急、愤怒、烦躁，一股脑儿全涌了上来，他起身又坐下，来来回回地走动。

旁边座位上的一位老者见木先生如此焦虑，便说："坐下来等吧，着急也没用。不如欣赏一下这新建的长水机场，再多呼吸一点春城的空气。"木先生笑了笑，开始坐下来和老者闲聊。

老者问，木先生是不是出差办完了事，准备回程？他点点头。

老者说："看你这么瘦，别太累了，身体重要。"

他带着些许无奈说："不努力怎么行呢？供养着一家老小，

生活成本那么高。"

老者笑着说："养家确实不容易。生活成本高，但很多东西都是我们不需要的。我跟老伴住在天津，房子只有40多平方米，我觉得足够了，再大反倒显得空荡荡的。儿子从南开大学毕业后到英国读书了，前几年刚回国，工作也不错，他买的房子也不过80多平方米，一家三口住，两室两厅够大了。不必要求太高，这些要求给你带不来快乐，只能让你身上的担子更重。"

木先生听着老者讲的那些事，偶尔也会反驳两句，说说自己的处境以及看法。也许是年龄和阅历的缘故，老者显得很随和、很宽容，他说："等你年纪再大一点，也许就明白什么是真正的生活，什么是人生中最重要的东西了。"木先生理解老者的话，只是不完全认同。毕竟是两代人，生长在不同的环境下。在木先生的观念里，成功和幸福的代表，就是名利双收。

聊着聊着，时间就过去了一个多小时。老者乘坐的航班已经准备登机。临别时，老者的脸上带着慈祥而温暖的微笑，看着木先生说："等你到60岁的时候，再想想我今天说的话有没有道理吧！"

望着老者远去的背影，木先生心里一阵感慨。回顾自己辛苦打拼的这十几年，一路跌跌撞撞，实属不易，可换来了多少快乐呢？除了一副经常生病的身体，一个暴躁的坏脾气，还有什么？赚2000块钱的时候，还有睡懒觉的工夫，还能跟朋友小聚一下；现在拿2万块工资了，却还累得每天失眠，像一只烦躁的狮子。曾经为了升职，还单纯地想过可以不要孩子，而现在想起女儿的笑脸，却感觉什么都没有她重要。

想到这些的时候，木先生突然有点理解老人的话了。也许体会没有老者那么深刻，但至少他认识到了，生活是一种选择。选择名利富贵，为之付诸一切；选择清淡悠闲，享受简单朴素。但无论哪一种选择，都无法改变一个事实：那些拼命追寻的东西，未必都是真正需要的，就像世人常说的"家财万贯，一日不过三餐；广厦万间，夜眠不过三尺"。财富永远只是身外之物，差不多就行了，多了只会拖累和妨碍个人的自由。

当年，几位学生怂恿苏格拉底到雅典的集市上逛一逛，说那里很热闹，还有数不清的新鲜东西，保证他去了会满载而归。第二天，学生们围着苏格拉底，非要他说说逛集市有什么收获？苏格拉底说："我最大的收获，就是发现这个世界上原来有那么多我不需要的东西。"

这是哲学家对生活的思悟，超然物外。据说，苏格拉底一直过着艰苦的日子，只穿一件普通的单衣，经常不穿鞋，对吃饭也不是很讲究，但对于真理的追求却无比狂热，最终奉献了生命。

我们或许不必像苏格拉底这般，但至少也该学会调整下心态，明白生活真正需要的不是豪宅名车，不是奢华炫耀，可能只是陪伴家人吃一顿团圆饭，与爱人和孩子毫无隔阂地谈谈心，有一份可以满足温饱的工作，留一份素朴而善良的心，累了的时候卸下所有的压力，安静地看一会儿书，美美地睡上一觉……

一位企业家向自己的名厨朋友讨教做菜的秘诀，朋友只告诉他一个字：盐。很多美食点评家在评判一道菜时，最终往往都归结到"太咸"或"太淡"上。事实上，只要盐放得恰到好处，不需要太多的调料，就能做出好味道。然而，就是这个最基本的调料，却往往被人忽视。

由这件事，这位企业家联想到了人生：金钱、权势、地位、荣耀无非就是其他的调料，添加得多了，反倒让生活多了一份浮华与臃肿，少了点真实和自由。如果撇开那些似锦繁花，只保留必需的盐，却能求得一份纯净的真味。也许味道清淡了些，但至少简单透明，没有那些恼人的杂念，也少了大起大落的悲喜。

生活本不苦，苦的是欲望太多；心本不累，累的是放不下的太多。其实，静下心来想一想：有多少东西是你非拥有不可的？有多少目标值得你用生命、用快乐去换取的？斩断那些可有可无的欲望吧,让真实的欲求浮现,这样才能发现真实、平淡的生活是最好的。有了超然的心境,才能成为一个不为物质引诱、不慌不忙、不躁不乱的人,就算外面的世界刮起狂风、下起骤雨,依然能够不急躁、不暴怒,存留一份优雅。

化繁为简，才是最高境界

有句话是这样说的：能化繁为简，才是最高境界。

就拿社会的审美流行趋势来说，每一年人们对"时尚"的定义都不同，复杂的花样往往能流行一时，而简单的设计却更能打动人心而被长久追捧。这样的道理用在生活中也一样，过于复杂的思维方式、人生态度可能会给我们带来一时的利益，长此以往却不见得能给我们带来更多好处。

维普网上有一篇文章，里面对"活得简单"这一概念这样评价道："活得简单一些，不是让我们活得过于苍白，不是让我们成为别人刀俎上的鱼肉。简单，是让我们不苛求不该苛求的事，不去奢望生命里一些超过限度的东西。

活得简单是一种理智的生活选择，也是一种豁达的人生态度。

人活得简单一些，就能不为名利所扰，不为物质所乱，就能做到心胸豁达、宠辱不惊。人心若太过复杂，就容易有贪念，事事计较，最后形成偏激、自我的性格，为达目的失去了做人应有的准则，为人正直不足、卑劣有余。可能有人会认为这样说有点夸大其词，但真是这样吗？或许在下面的故事中，很多人都能看到自己的影子。

上海，在沈澜心里是一个最不缺有钱人的地方，事实也的确如此。沈澜大学毕业后的第三年，通过自己的努力终于在上海的某电视台谋得了一席之地，相貌出众的她成了一名闪亮新主播。与沈澜在同一主持人小组的还有另外三位女孩，她们都是美貌与才华兼备，每天光鲜亮丽，活得潇洒又体面。

沈澜看着自己身上中规中矩的职业套装，觉得自己太寒酸，渐渐有些心里不平衡了。为了面子，她开始拿自己的积蓄购置名牌衣服、包包。为了不被别人看不起，她频繁出席一些饭局，认识一些成功人士。为了能在电视台站稳脚跟，她把许多时间花在工作之外的交际上，每天迎来送往。表面上沈澜好像很风光，可是她却活得越来越累。

因为把心思放在了别处，沈澜对工作也渐渐懈怠了。在她穿着打扮越来越时尚的同时，伴随而来的是其他人对她的质疑，外界开始对她有了很不好的评价。沈澜听到了外头的这些风言风语后,把自己关在房间里痛哭了一场。

她不知道自己错在哪了,不就是多用了点心思想过得更好一些,不就是不愿自己活得比别人差而已吗?

追求更美好的生活,是我们的选择,也是我们的权利。但通往我们想要的生活的路有千万条,或许没有绝对的对与错,也谈不上成功和失败,而沈澜却选择了一条容易引发争议,而她本人又不能承受的路。如果沈澜不过度与别人攀比,而是专注于自己的工作和生活,努力成为更好的自己,她终有一天会靠自己的实力获得成功,也会找到自己应有的位置。

命运对我们的厚待,从来都是努力的结果。在人生这条路上,没有捷径,最简单的那条路,往往是最拥挤的路。

看到这里,相信很多好奇心强的读者会关心沈澜的结局。别担心,这是个皆大欢喜的结局。

将自己的情绪困在流言里的沈澜,在经历了一段痛苦难熬的日子后,静下心来审视自己之前的生活,她觉得之前的自己,就像莎士比亚说的:"愿自己像人家那样,或前程远大,或一表人才,或胜友如云广交谊,想有这人的威权、那人的才华,于自己平素最得意的,倒最不满意。"她决定改变,做好自己该做的事情:认真钻研主持技巧。没过多长时间,幸运就降落在她身上,她得到了很多重大节目的主持机会,得到了领导和观众的好评。后来单位筹备一期新的综艺节目，她有幸被选为主持人。

如今我们拥有的越来越多，生活越过越复杂，这种人生的"丰富"不断地消耗着我们，让我们在欲望的泥潭里越陷越深。

因为欲望，我们原本简单的生活变得复杂，似乎生命的全部意义就在于财富。试问一颗被欲望挤压得千疮百孔的心，怎么能不累、不烦？假如我们没有这些多余的欲望，没有对生活的过分苛求，假如我们能平静待人、理智处事，复杂的生活自然会变得简单，也只有简单的生活，才能让我们不至于每天都活在被烦恼缠绕的阴影里。

心胸放宽一些，不去计较一些无须计较的小事；偏执的性格改变一些，不再狭隘地较真；把得失看得淡一些，不该做的事情不去做，恪守自己的人生准则。我们也只有活得简单一些，才能让自己活得更有滋味。

舞蹈家杨丽萍一生只有舞蹈，不理世俗。她说，来世上不为柴米油盐，只是为了看树怎么长，水怎么流，鸟怎么叫，花怎么开。这种简单的生活状态也给予了她最丰厚的报答——她的舞蹈刻画入微，媒体评价她在舞台上美到极致，在生活中也活得高贵优雅。

简单，是生命留给这个世界最美好的状态。

活得简单些，踏实而务实，不沉溺于幻想，不庸人自扰。就像一位智者说的：世界无界，心宽则容，人活得简单一点才高级。

人生要学会做减法

人在过于放松和享受时往往会遗忘最初追求的是什么，虽然还不是百分之百明确自己要的是什么，至少不想让那么多人失望。

正如《谁动了我的奶酪？》书中所说，面对变化其实比逃避更简单更容易，因为当你面对时，你便做好了准备，结果至少是有所预见的。那么我的奶酪是否也被动了？什么时候发生的？怎样发生的？是消失了还是被搬到别处了？那又被搬到哪里了？也许，这些并没有想象中的那么重要，但是，我的新的奶酪在哪里？不管在哪里，都要去寻找，就用自己的方式去找吧。只是希望生活赶快进入正轨。其实，我也有自己的梦想，而且一直在摸索，只是有时会忘记，只要时不时提醒我下，立刻就会想起来！

恐惧源于未知。昨天看了一篇日志，关于繁华的生活、高速的节奏之后的反思和觉悟,关于放下包袱和自由,关于生命减法。

其实,这不正是很多人一直坚持一直实践的生活方式吗?作者决定追寻的生活恰恰是我一直拥有的,淡然的心态,对物质的不在意,老年人的生活状态。但是,心里居然有一种莫名的压力和害怕。他在经历种种之后才顿悟的态度,才向往的生活,没有经历风浪的年轻人怎么可以轻易拥有?没有绽放就归于平静才是最没有魅力的吧!

繁华过后的安稳与苍白的人生终究有着本质的区别!试想一下,多年之后,当你回忆过往,却发现生活苍白无力,找不到故事,看不到色彩,那时会更加悲哀!他的是坦然与睿智,有些人有的只能是无力与平淡!也许这就是米兰·昆德拉所说的"不能承受的生命之轻"吧!

处于低谷期的每一个人,重要的是做加法,成为人生的斗士而不是退伍兵!爱迪生说:"我始终不愿抛弃我斗争的生活。我极端重视由斗争得来的经验,尤其是战胜困难后所得到的愉快;一个人要先经过困难,然后踏进顺境,才觉得受用、舒服。"没有人可以随随便便成功,当不存在获得和流动的障碍时,你不仅得不到新的资源,反而有极大可能原有的资源也被其他人所获取。

你要明白，只有自己经历了才能真正有所感悟。还记得《小马过河》的故事吗？小马驮着一袋粮食来到河边，河边吃草的老牛告诉它河水很浅，刚没小腿，蹚着就能过去。而树上的松鼠告诉它河水很深，会被淹死的。拿不定主意的小马返回家征询妈妈的意见，妈妈告诉小马不能光听别人说，自己不动脑筋，不去试试是不行的，河水是深是浅，你去试一试，就知道了。小马最终得出结论：原来河水既不像老牛说的那样浅，也不像松鼠说的那样深。而在现实生活中，我们往往会过分在意别人告诉你的经验之谈，认为某一种生活方式更好，认为应该按照别人的经验去做，但是别人的建议是根据别人的经验得来的，可能并不适用于你。并且生命的厚度如何得来？就是依靠你的不断实践，不断经历，而有所沉淀，有所积累。

你要明白，别人并不能完全了解你。"子非鱼，安知鱼之乐？子非我，安知我不知鱼之乐？"不要轻易去对别人的行为进行评价，也不要轻易被别人的意见所左右。一朵花有一朵花的活法，一条鱼有一条鱼的快乐，很多事还是要你亲身经历过才能刻骨铭心，很多路还得你自己走过才知道对不对。即使别人的意见是正确的，也只有你亲身感受有所触动时，才能真正转化为属于你的财富，伴你一生。

你要明白，厚积才能薄发。"台上一分钟，台下十年功"，只有通过长期的量的积蓄，才能建立和增强实力，实现质的飞跃；只有经过岁月的洗礼，才能做到举重若轻，绽放最美的光华。每一次看起来毫不费力的表现，都源于你无法想象的勤奋与付出。而所有的挫折、低谷，最终都会以另一种形式反馈于你，就如同每一朵花、每一棵树都离不开肥料的滋养。这些肥料也许不好看不好闻，甚至以令人无法接受的状态出现，但是它却是植物茁壮成长必不可少的养料。爱迪生说："失败也是我需要的，它和成功一样对我有价值。只有在我知道一切做不好的方法以后，我才知道做好一份工作的方法是什么。"试错，本身就是找到正确道路的过程。

只有通过加法累积到一定厚度，你才有基础去做减法，没有支撑的人生只会如同蒲公英，风一吹就散了。在做加法的过程中，积极和踏实的态度就显得尤为重要了。心理实验表明，一个被逗乐的4岁孩子，空间记忆力会急剧增长，能在堆积木时比情绪一般的儿童快50%；心态积极的医生作出正确诊断要比状态消极的快19%；乐观的销售人员比一般水平的业绩高出37%。保持积极的心态，才能成就人生的辉煌。

现代人最大的问题就是没有把注意力放在自己身上，去探究自己到底为什么这么做，为什么这么说，此刻我的情绪为什么会这样。对自己少了一份觉察，目光始终投射向外，光顾着看外面的世界，那这样的话，你做不了自己生命中的加号，更做不了别人生命中的加号。幸福的人就是一个能跟自己好好相处的人。只有对自己非常了解，才可以做自己最忠实的支持者和观察者。

过去无法重写，但它却让我们更加坚强。感谢每一次改变，每一次心碎，每一块伤疤。成熟的标志不是会说大道理，而是你开始去理解身边的小事情。痛苦来临时不要总问"为什么偏偏是我"，因为快乐降临时，你可没有问过这个问题。倒不如一笑而过："难得又是我，可以好好发挥一下了。"

因为自己有成长变化，所以内心安定。只希望在几年之后，自己可以对自己说我的生活是圆满的，是有沉淀的，是可以理所应当地享受生活的！

清扫内心的情绪垃圾

人是感情动物，以往生活中遇到的人、发生的事，不会因为过去了、结束了就变得毫无踪影。随着记忆留下的，除了或美好或伤心的情节，还有已经描述不出情境的那些情绪。好的体验在记忆中生根发芽，长为滋养生命的心灵氧吧，而负面的情绪体验就像垃圾，如果不及时清扫，任由它们在心里安营扎寨，毒素不仅危及当下，还有可能祸及以后。

情绪垃圾在心里日积月累，逐渐填满了那些敏感细微的角落，负面情绪莫名地冒出来，记忆压抑得愈深，我们的身心就愈感到不适。这时候可能就会不自觉地把靠近我们的人当作情绪垃圾桶，怀疑猜忌、鄙夷仇视，不管不顾地往他们身上丢，害人终害己，反复纠结让我们反复受折磨。

王雯是个文艺气息浓厚的美女，身边不乏形形色色的追求者，但快奔三的她却还没有一个关系稳定的男朋友。作为知名的情感类博主，她对别人的恋情分析得头头是道，帮助过不少在迷惘中苦苦挣扎的痴男怨女，但说到自己为什么还没收获一份美好的爱情，她总笑称自己长得丑，不讨人喜欢，所以缘分迟迟不肯来敲门。

见过王雯的人都知道，她可一点也不丑，波浪长发、桃花笑眼、高高的鼻梁、鹅蛋脸，颇有些混血美女的感觉，身边的男性不自觉地就会被她美丽的外表和优雅的气质吸引。就是这样一个充满气质的女孩，为什么还是单身呢？有人猜想，一定是王大美女眼光高，一般的男人她看不上，挑三拣四，也有人怀疑王雯虽然在博文里把恋爱分析得透彻，道理都懂，但自己性格很差，导致追求者们在认清她的真面目后因受不了而纷纷离去。

其实，王雯眼光不高，也没有什么恶劣性格，阻挡她幸福之路的，是她那场刻骨铭心的初恋。上大学以前，王雯一直在父母身边生活，王家父母知道自己女儿长得漂亮，一直给她讲早恋的危害。乖巧懂事的王雯从小就很听父母的话，一直到大二，才第一次接受了追求者的求爱。王雯与男友是大学同学，交往时感情很好，大学一起度过了甜蜜美好的三年时光。毕业后两人在同一个城市工作，租了一间小房子住在一起。那时候王雯做了报社记者，时常需要跟着师傅出差，而她男友在IT行业，工作就在本地，只是晚上加班比较多，两个人都很忙，交往时间一长也没什么激情了，小日子平平淡淡地过。

工作一年后的某天，王雯发现自己怀孕了，她兴高采烈地把这个消息告诉男友。男友的第一反应却不像她想象的那样，他竟然劝她先把孩子打掉，说目前条件不具备，还不能娶她，更不能养孩子。王雯死活不肯去做流产手术，两人就这样僵持着。经过此事，王雯开始注意到男友的一些反常举动，说是反常，其实很多征兆一直都在，只是王雯没往深里琢磨。都说在爱情里起了疑心的女人会变成比福尔摩斯还厉害的侦探，这话不假，没出半个月，王雯就发现了男友的秘密。那个曾发誓会爱她一生一世的男人，背着她在外面有了别人。面对王雯的质问，男友开始狡辩，后来实在瞒不过了又下跪道歉，说跟那个女人只是玩玩，从没有认真过。还大言不惭地说每个男人其实都会出轨，只不过有的被抓住了，有的隐藏得好没被抓住，只要有钱了都会出去找小三，那是男人的天性。受到巨大刺激的王雯被气得昏倒在地，等她在医院苏醒过来的时候，孩子已经流产不在了。

结束了失败的恋情，王雯告别了那个曾令她深爱又令她作呕的男人，但那个人说的话却深深刻在了她心中："男人都是会出轨的，男人的天性如此，就算自己做得再好，丈夫还是会为了新鲜感去找别人。"带着这样的想法,虽然她一次次鼓起勇气想重新开始,又一次次因为对新男友的不信任而失去所爱。她越是怀疑,就越是能发现男人花心的证据,心里的失望慢慢变成了绝望。因为害怕再次被伤害,她给自己裹上了一层坚固的硬壳,别人进不去,她也走不出来了。

我们内心的基础情绪成分在某段时间内会有一个比较固定的比值,积极一面所占的比重决定了当下心情的主旋律,情绪垃圾和它所释放出来的毒素会将情绪拖向难以扭转的负面。也就是说,不管喜、怒、哀、乐的刺激源是什么,堆积如山的负面信息都会把它们浸染为负面情绪,在这种病态思维的作用下,人就变成了"专业不高兴选手"。

有人说,回忆太难忘,受过的伤太重、太痛,那些不愉快刺痛着我们脆弱的神经,所以忘不掉。其实那些情绪的垃圾不是不能扫除,只是不想忘掉,不能忘掉。垃圾不扫除,屋子就不干净,负面的情绪不清一清,心房就会一直被笼罩在阴影下。你可以问问自己,不管是多重的伤害,如果有康复的机会,有什么正当理由让它感染溃烂,久久不能愈合?明知心里有悲伤痛苦,首先要做的就是打扫记忆,理清思绪,给心灵消消毒。只有尽快好起来,才能继续追求更好的际遇、更幸福的生活,永远别为了故作深沉回味痛苦,那不值得。

清理情绪垃圾与打扫房间相比，说也难却也简单，关键是你怎么看：

1.感情上的污点别抱着不放，那可能刻骨铭心，但绝不光荣。

2.人们会分享你的故事，会惊讶于你的传说，会对你的遭遇落泪叹惋，但永远永远没有人能替你承受一丝一毫的痛苦，你的负面情绪是你自己的，自己不舍得丢，谁也帮不了你，没必要反复展览自己的伤口博别人一点廉价的同情。

3.下定决心来个情绪大扫除，就不需要耗费太多力气，用好的心情刷新未来的日子，相信自己一切都会好起来的。所有的不幸都不是命运对过去苦难的重复，它们只是用来考验自己心性的巧合，只要看透彻了，心就会是晴朗的。

学着克服
爱计较的思维定式

有些人习惯于斤斤计较一时的得失，占了便宜暗自狂喜，吃了亏肝肠寸断。当然了，在他们看来，自己极少有占便宜的时候，总是别人对不起自己，总是别人亏欠着自己，最看不得别人得一点儿利，最容不下自己受半点儿累，但他们普遍又都感觉自己活得很累。整天防备着别人害自己，难免忧虑、生气，气血不畅，阻塞心脉，本就不宽敞的心胸更狭窄了，掉进一事一物的纠结里，失去了心灵的坦然和平静，郁闷成了生活的主旋律。

有一天，一位看样子有五十多岁的老妇人来到律师事务所找律师，说自己要告公交车公司和一个不知道姓名的男乘客，让他们承担"刑事责任"，进监狱，一边说一边就掉下了眼泪。负责接待的小律师看她那样子，赶紧请她落座，端上茶水，问她到底是出了什么事，老太太喝了口茶，长吁一口气，说起了她半个月前的那次遭遇。

这位赵老太太在半个月前去市中心逛商场，逛了大半天，感觉很累了，就在商业街站乘坐公交345路回家。当时时间已经接近晚高峰时段，等车的人很多，赵老太太随着拥挤的人流挤上公车后，便往老幼病残和孕妇专用座区域慢慢挪动过去。从商业街站到她家有6站，她年纪不轻，逛商场也已经很累了，要是一路站着回家，身体肯定吃不消，所以赶紧找个座位坐下来是当务之急。等她费了半天劲到了专用座区域，看见座椅上基本已经坐满了老人和小孩，唯一还剩下一个靠窗的座位，被一个年轻男人占着，这个人也就是她要"送进监狱"的那位男乘客了。赵老太太心想，我这都过来了，你还不赶紧站起来让座，一个大老爷们坐在特殊人群专用座上也不害臊。这么想着，她就"咳咳"地干咳几声，希望那个人有点自觉性，赶紧站起来让座。哪承想，那个人就像聋了一样，眼观鼻、鼻观口，一副无动于衷的样子。这可气坏了赵老太，她转向正在不远处忙着收钱撕票的售票员，问道："姑娘，你们这车上老幼病残是不是有专用座啊！"忙得焦头烂额的售票员这才看见她，赶忙对着话筒号召年轻的同志给老人让个座位。赵老太有些得意，转过头看着那个"没素质"的男人，没想到那人就像没听见一样，依旧不肯起身让座。赵老太这叫一个气啊，她呼哧呼哧喘着气，狠狠盯着那个人，又瞪了放下话筒继续忙活的售票员几眼，心想今天赶上这俩人真是太倒霉了。她这儿生闷气，就没注意扶好站稳，汽车在转一个急弯时，赵老太由于惯性的作用摔倒在地。车上人多，那一下也没摔得太重，但是爬起来的她发现自己漂亮的真丝裙子被公交车椅背上的螺丝钉刮了一道小口子，把她给气得够呛，周围的人各自站着，谁也没有站出来为她说话的意思，那个无耻的"占座男"还是淡定地坐在那里，好像她气也好摔也好，完全都与他没关系。而那个售票员竟然只是随口安慰了她几句，并且嘱咐大家扶好扶手，并没有再帮她说话，更没有指责那个不让座的男乘客。

　　这么一通折腾一通怄气，赵老太太也到站了，到家之后她的气也没消，反而越想越堵得慌，当晚就犯了高血压被送到医院抢救。一个礼拜后出院了，身体稍微好些就跑去派出所报案，一门心思要找到把她气病的公交车售票员和男乘客，结果警察说这事不归他们管，赵老太太实在没办法才想到了找律师帮她"报仇"。

　　听她把整件事情说完，律师也只能给出跟警察一样的答复，因为一个座位，这位老太太竟然闹出这么大的动静，半个多月了还沉浸在郁闷的情绪中，能解决她苦恼的只有心理医生了。

姑且不论那位不肯让座的男乘客行为是否妥当，售票员是不是真的合宜，就因为这一个座位，赵老太太又是住院又是报警，把自己折腾得心力交瘁，明眼人一看都知道不值当。但正是应了那句话：只缘身在此山中。她掉进了斤斤计较的坑，在怒气的驱使下，分不清什么是值得什么是不值得，也不理智客观地分析问题，只一味责怪他人，想着报复，自己的身体健康越是受害，越是把所有的不舒服归罪于那一次小小的不愉快。

等锱铢必较的恶性循环开始后，再想着跳出来看问题就难了，所以我们要在一开始就做到豁达一些，宽容一些，别让怒火攻心，蒙蔽了眼睛。想来人的一生不过百年，何必常怀千岁忧愁？心里的结打开了，一笑解千愁，不管什么事，无论多严重，都大不过生死。只要活一天，就该快乐一天，做人大度一点，做事大方一点，哪怕一时吃了小亏，只要不生气，等过去了往回想，也没什么大不了的。

学着克服遇事爱计较、揪住一点儿损失就闹心的思维定式，你要知道：

1.命里有时终须有，命里无时莫强求。公车上这个座位我没坐上，那是它跟我没缘分；这个人我没追到，那是我俩没缘分，强求未必有好结果。

2.无能为力的损失，让它随风去。座位在人家屁股底下，你生气只能是气自己，这不成了帮着别人跟自己较劲了吗？不生气才是帮自己。

  3.退一步海阔天空，少吃一口死不了。公车上没有空位了，我就站着，久坐对身体没好处，稍微站一会儿就算累也只累这一程，且比回家生闷气一整天强，爱惜自己，不因为小事上求之不得而郁闷，你得到的是内心的安乐。

从那些烦心的杂事中
挣脱出来

　　社会在迅速发展，同时也给人带来了残酷的竞争。很多人原本希望通过不断努力来换取自己的幸福，实现自己的价值，却不知不觉让自己奔上了人生的高速路，结果把自己搞得身心俱疲。

　　机器运转久了，也需要休息，何况是人。每个人在紧张忙碌的生活中，都会出现身心疲惫的时候。这个时候，我们需要抽个时间好好地放松一下自己，从那些烦心的杂事中挣脱出来。生命不是一个结果，而是一个过程。只有认真地享受过程，才能加深记忆，活出精彩，没有过程的结果永远都是苍白的。

　　下班时间越来越晚，无休止地加班，压力越来越大，身体也越来越不适，心情无缘无故地烦躁……一次次的循环让已经疲惫不堪的我们周而复始地运作，机器都会出现故障，何况是血肉之躯的人呢？累了就停下来休息，睡上一觉，或者做点放松身心的事，比如听音乐、做美容、练瑜伽。疲惫状态不仅不能提高你的效率，反而会拖拽你前进的脚步。这样循环下去，身心健康也会出现问题，最终导致生活、工作一团糟。

唐珊在一家房地产公司任职销售总监，已婚六年，育有两子。她为人上进，工作认真努力，但她最近感觉特别累，属下关系不和，业绩下降，还不停地加班。除了上班忙碌，下班回家后，她还要跑去超市选购生活用品。周末还得去双方的父母家看望老人。

上班被工作所累，回家被家务所累。稍微有一点空闲，父母家的事儿又铺天盖地袭来了。唐珊的婚后生活被工作与家庭琐事挤得满满的，没有任何的空余时间休息。因为每天的高速运转，唐珊的工作与生活开始出现了一系列问题。第一天，唐珊由于工作太忙，在工作中出了几个小差错。第二天又和同事发生了一次不愉快的争执。回到家，唐珊做着那些烦琐的家务，差点累得瘫倒在地。此时，老公却在电脑前打游戏，还头也不回地嚷道："赶紧做饭去吧！饿死我了！"唐珊再也忍不住了，扔下手里的东西，与老公吵了起来，结果老公夺门而出，只剩下她瘫坐在地上哭了起来。

那天，唐珊心情很复杂，整整一夜没睡，她想了很多，她觉得应该重新审视自己的生活与工作了。自己不能再这样盲目地忙碌，需要让自己休息，事情是永远做不完的。

不是唐珊脾气不够好，也不是不够宽容。她除了每天在公司遭受工作、人际压力之外，回来还要像个机器一样独自运转，没有喘气的机会，加上各方面的压力如洪水猛兽般向她袭来。人一旦长时间处于忙碌中，思维会变得迟钝，心情也会变得糟糕，一点小事都会烦躁不已，心情从此就陷入一个恶性循环之中。

每个人都有情绪，但也得学会调节，尤其人在疲惫的时候，情绪更容易爆发。这个时候，你需要放松和休息，才能保证身体与思维正常运转。

优质生活是一种平衡，该快则快，该慢则慢，没有一成不变的守则。每个人都有权利选择自己的生活步调，选择适合自己的节奏，凡事不必都追求快，只要以恰当的速度去完成就好。在工作之外的，你可以悠闲地做一些自己喜欢做的事，放松自己的身心；慢慢品尝家人做好的饭菜，与家人谈谈心，然后在柔软舒适的床上慢慢地进入梦乡，这才是幸福的生活。

不过，很多时候不是我们不想休息，而是将忙碌当成一种习惯，令忙碌成了自然而然的事，想放下，反而成了难事。这个时候需要你强迫自己从忙碌中抽离出来，让自己休息一下。

人想要的东西越来越多了，就会不断地往前赶，殊不知，身体与情绪超了负荷却全然不知。快乐的生活，需要放下得失心。别让自己的生活因一点小得失受到影响，这样反而得不偿失。

背起行囊，
带自己"私奔"

在一本著名旅游杂志上有这样一段卷首语："旅行能带领旅行者回归到一种真正的自然，通过旅行你能找回被你自己忽略的东西，而且这些东西比起日常生活更有一种永恒的意义，于是它也就是一种内心体验的人生之旅。出发，回归，然后又出发再回归。在此之间，每一轮起点和终点，你不断地审视自己，认清世界，丰满自己人生，体悟生命的真谛！"

一个人去旅行，既是一种让身体挣脱藩篱的革命，又是一场让心灵焕然新生的仪式，我们被工作牵绊，难得的假期还要用来解决围绕着车子、房子、票子、孩子发生的各种难题。可能说了一万次想要远行，最后只是匆匆忙忙报个旅行团，来上一次以旅游为幌子的"急行军"。也许我们缺的并不是时间，而是放下诸多挂碍，真正从枯木般腐朽的疲态中解放自己的勇气。

小柯是个老实内向、有些怯懦的男人，在一家小报社做编辑已经十年了。每天6点半起床，7点半出家门，8点到达离家不远的单位，浇浇花，收拾一下桌子，8点半开始一天的工作，中午11点半开始午休，吃饭，散步，趴在桌子上打个盹儿，醒来以后继续工作，晚上6点左右下班回家。一年365天，减去周末和法定节假日公休，剩下的日子他都这样平淡无奇地度过。工作的内容不算繁重，但从早到晚基本也没断过，他敬业也负责，按部就班地履行自己职责，一丝不苟地完成工作任务。

就是这样一个生活工作规律到雷打不动的男人，突然有一天对主编提交了一份停薪留职申请，说自己决心已定，要去西藏旅行一趟，请两个月的假，这无疑是在报社丢下了一颗重磅炸弹，同事们都想不到小柯竟然下定决心脱岗去旅游，而且据他说，这次进藏全程只有他一个人！

主编首先想到就是小柯是不是在生活中遇到了什么挫折，或受到了什么刺激，甚至想到了他是不是对单位和领导有什么意见，才作这种疯狂的决定。到底是什么让他决定走出原本固守的条条框框，前往藏区重走青春路呢？原来一次偶然的机会，小柯在一本朋友买的杂志上读到了一篇名为《心灵之旅》的心理学美文，文章很长，分析了各种各样被一成不变的工作、生活禁锢的人，并建议体察自己日常的情绪，监控那些导致自己不幸福的负面讯号，当读者感觉到肩上和心上的重担已经压得自己摇摇欲坠时，不如把它们暂时都放下，来一次华丽自由的冒险，给身体放个假，也让脑子放个风。从那之后，他开始注意起自己的情绪波动，每天按时按点上下班的他很少放声大笑，很少感觉惊喜、快活，在大家眼里是个不好不赖的人。他的身体常常会很劳累，但只要不是病得很厉害，他就忍耐着。他的心情就像一潭死水，没有大喜大悲，没有任何感动，反而显得苍老又麻木。小柯自嘲地想，所谓的身心俱疲、未老先衰，大概说的就是自己这样的状态吧？就在他意识到自己状态很差却犹豫着不知该不该踏出第一步的时候，一个身患重病的老同学在班级论坛里上传了自己千里走单骑的壮阔旅程，同时也分享了自己一路走来身心都获得重生的种种体会和感动。看着一张张照片上鬼斧天工的奇景，看着那个平时不苟言笑的老同学手舞足蹈摆出各种姿势的身影，小柯感觉到自己心里某些地方冰冷的枷锁在慢慢变热——想要挣脱、想要逃离、想要自由的念头变得无比强烈。

"再不出发就真的老了"，知道自己干涸的心灵需要什么，也终于下定突破自我的决心，小柯向领导递交了歇长假的申请书。得到领导批准的那天，小柯兴高采烈地收拾了工作台，神清气爽地走出单位，只是想想未知的旅程，他都会心跳不已。

或许让他发生改变的不是多么完美的一次出走，而是背起行囊带自己"私奔"的这个决定。

你可能也像小柯一样，惴惴不安地担忧着月底的绩效，害怕领导挑剔的眼神和刻薄的话语，逃避可能令你受伤的竞争关系。工作中每件事都比天大，进了办公室，对着小小的格子间，唯一还能压榨的就是自己的心。作为一个活人，却想不出自己与面前的桌椅板凳、电脑有什么区别，自由的大门仿佛从未对你敞开，因为那些了不得的"必须"让你感到身心俱疲，活着了无生趣。

是时候甩开一切走出去了，只有一个人旅行时，才听得到自己内心的声音，闯出那些不知被谁死死设定的轨道，打破那些被强加在你身上的规矩。这世界比你想象中更多彩、更广博，你自己比你想象得更坚强、更独立，只要你敢走出去，睁开双眼看这天地美景，一双隐形的翅膀就会带你飞行。背起行囊，离开熟悉的环境，去探索陌生的风景，体验一种从未有过的生活。在路上，你甚至不知道明天会遇到谁，又有怎样的对白，抬起头看看天空，你会发现，曾纠结不放的那些琐事，怎敢称"天大"，它们甚至抵不上路旁一块顽石。

人生偶尔可以放肆一次，完全抛开常规，挣脱约束，让心灵彻底撒一次野。这就开始行动吧：

1.挑选一个周五或周一请一天假,连上周末两天,组成一个属于自己的小长假。

2.准备简单的行囊,进行为期三天的短途旅行,尽量挑选那些较成熟的郊区旅游线路,循序渐进提升难度。

3.再次回到工作中时,一样的座位,一样的工作,你却已经不再是那个不知为何而奔命的自己,因为旅行给了你真正能看见未知世界的眼睛。

亲近自然，
会发现新的人生感悟

　　经常出去走走，往往对于人生会有新的感悟。徜徉山水间，总是更容易放下心中的负担，用全新的态度来思考人生。当人们面对高山大海的时候，面对自然如此宽阔大气的景象，所有的一切跟它们相比都那么微不足道。这个时候，原本想不开的事情，往往会更加释怀。亲近自然，会发现新的人生感悟。

　　年轻的时候，我们喜欢到处游览，仿佛心灵无法被禁锢，想去看整个世界。但是随着年岁渐长，我们开始被生活琐事和人事纠葛所困扰，负担逐渐加重，疲于应付。这个时候，很多人认为很难抽出时间去亲近自然。在这种情况下，烦恼仿佛一下子增多了。总是希望给自己一个假期，但总是没有时间。

　　生活不免开始单调，每日公司和家里两点一线，年复一年，穿梭其间。在忙忙碌碌的生活中，很多人开始麻木于光阴流转，而四季更替也开始被忽略。偶尔想起童年往事,总是不免有些感叹:那时自然就在手边,无论多么小的事情,总是有足够的兴趣去面对,而在山水之间,快乐也变得简单起来。

但生活中是不缺少美的。若能发现美,就会发现走进自然其实是很简单的事情。尽管被世俗所累,但若是拥有发现自然的眼睛,能够感受到美好的事情。而自然所带给人身心的改变,也就显而易见了。

刚到冬天,昼短夜长,进入中年的人们睡眠开始差起来:晚上不能熬夜,早上又醒得早,半夜总是辗转反侧……令他们十分苦恼。

一天早上,晨光熹微的时候,人们再次无法入睡。虽然浑身困乏但是难以成眠。她索性起来,走出大门,绕着马路散步。

寒冷的空气将人们包裹得严严实实。似乎很久都没有在意过自己居住的景色。

看见了假山上迎风摇摆的荒草,看到了堆满落叶的空树林,看到了东方冉冉升起的朝阳。这一切令他们心旷神怡。

等到太阳快要出来的时候,满地的金黄。万物浸润在阳光下,一切都充满了朝气。迎着阳光,感受那淡淡的温暖,人们的心情一下子舒畅起来。

就这样,很多人开始喜欢一大早出门,做做运动,呼吸新鲜的空气。几个月下来,他们发现自己的睡眠状况有所改善,甚至连一些头痛、感冒的小毛病也少了。周围邻居都夸自己气色比从前好了。

其实他们心里明白,自己是从自然中获得了新生的力量,整个人变得心情愉快,自然身体比从前要好。感受到了自然的力量之后,他们开始喜欢出门旅游,开始带着家人去郊外,去爬山,去游泳,徜徉在山水间,感受到了生活所带来的快乐。并感叹大自然的神奇:大自然教会人们怎样生活。

年轻的时候,我们对于四季变化和时光流逝并不在乎,认为自己年轻,年轻就是资本,认为感叹时光这种事情,原本就不是年轻人做的事情。而这个时候的自然景色,仿佛都是过眼云烟,随风飘散。即便亲近自然,不过是只看到这种行为有趣的一面,对于自然的美也没有深刻的认识。直到时光流逝,才开始珍惜每一次亲近自然的机会。

大自然并非只是表象的美景。懂得欣赏自然的人并非只看到景色简单优美的一面,而是体验到它丰富、深刻的一面。这种体验所带来的感悟令人动容,仿佛心灵被打开,杂尘被清除,留下干净的心灵。

去年三月,朋友带着孩子去外婆家。当时正值烟花三月,进入乡村之后,田野里到处是绿油油的麦田和黄灿灿的油菜花。

汽车开在乡间路上，仿佛在五颜六色的色彩里奔跑。远处的桃花和梨花给人心旷神怡的感觉，甚至能够看到蜜蜂穿梭其中。

孩子从来没有见过这样的景色，他惊喜地问道："妈妈，这是哪儿啊？好美啊！"她笑了。其实这只不过是个普通的小镇，是她生长的地方。

孩子看到一群牛，兴奋地问她："妈妈，那头大牛是小牛的妈妈还是爸爸？"她随口回答是牛妈妈。孩子又问："那牛爸爸去哪儿啦？"她也来了兴致，就说："牛爸爸当然很忙啦，它要去干活呀。"

孩子兴高采烈地说："喔，我知道了，爸爸都是很辛苦的。"孩子的话令她动容。她也开始用这种心态去看待周围的美景，忽然发现这里的景色她似乎很熟悉，但又似乎很陌生。

想了很久，才想起来这是儿时自己曾经玩耍过的地方，现在这里是那么地漂亮。她渐渐地意识到，因为忙碌的生活和工作，她已经好几年没有回家了。回想起儿时玩耍的情景，以及那些要好的伙伴，心里有太多的感慨。

下车后，她带着孩子走在乡间的路上，看着草木发芽，看着碧蓝的天空，忽然觉得一切烦恼都忘掉了。倾听着山涧泉水的声音，她感到心旷神怡。

其实在我们生活中有很多美好的东西，而我们由于生活中的匆忙却总是忘记去寻找。大自然是万物的根本。走进大自然，会让我们有一种新的感悟，能够激发我们的灵感，感受到生活的美好。

很多人总是要等到成年后才明白，细心地观察大自然是多么令人快乐的事情。当我们懂得欣赏大自然所带来的一幅幅天然美景时，他们会从这美丽的景色中油然而生出依恋之情。他们在自然中忘掉世俗的烦恼，用心去看这美丽的景观，从而发现自然的神奇魅力，发现生活中的美好。

大自然能够教会人好好生活，教会人用心去思考。

第三章

**整理自己，
远离无效社交**

不要因为害怕寂寞，
而选择合群

个体心理学创始人《自卑与超越》的作者阿德勒有一个观点：人类的所有烦恼，都来自人际关系。回想我们从从小到大的生活，是不是只要一提起这个词，就有许多让你不能平静的画面和心塞的感觉涌现？

小时候，看着别人成群结队地玩闹，而自己只能坐在窗边默默地做试卷；大学里，一到晚上别人就会相约出去撸串，或者去酒吧热闹热闹，那些脸上洋溢的微笑诠释着什么叫青春，而自己好像总是形单影只；工作后，每天忙着加班，别人有着精彩的业余生活，而自己只能一个人待在家里做着手里未完成的工作。

当我们的人际关系不那么尽如人意时，我们陷入迷茫，甚至怀疑自己的人生是不是走上了岔道。看着其他人活得热热闹闹，而我们只能专注于自己的工作、生活，只能活在自己的小世界里，这时感觉自己似乎被这个世界遗忘了。

很多人认为朋友多了路好走，只有和他人的交往密切，认识的人越来越多，我们才能够获得成功。不可否认，擅长社交是一个人终身受用的重要技能。但是，如果自己不够优秀，没有一定的价值，你认识的人再多，加入的社群再多，天天跟人推杯换盏，也换不来你想要的一切。你的价值越大，帮你的才越会多。与其把时间花在认识更多的人上面，不如把时间花在提高自己的个人价值上。绝不能因为过于注重人际关系的拓展而忽略了其他的成功因素，比如自身的能力、做事的态度、内心的执着、与他人的合作以及自身的修养等。

有时我们以为自己是合群，耗费大量的时间在维持人际关系上，表面上有许多朋友，而实际上这些不切实际的交往，并没有给我们带来多少帮助，只是在浪费我们有限的时间。

茹茹从大一开始写作，在那段时间，她每天除了上课便是在宿舍写稿子，而同班同学要么在宿舍里聊聊八卦，要么一起出去逛街、打游戏。四年后大学毕业，茹茹已经出版了好几本书，在学生时代便攒下了一笔数目不小的稿费，而且毕业当年就以新锐作家的身份接受了几家媒体的专访。

大学刚毕业的时候，大家都在找工作，而这时茹茹已经接到了国内某一档节目的邀请,而且待遇不菲。

大学时茹茹的人际关系很平淡,与谁都能说得上话,却没有像其他人那样与谁都打得一片火热。她只是在该努力的时候清醒地知道自己该在哪个时间段做什么事,没有将时间浪费在一些毫无意义的事情上而已。

有一位心理学家说得好,他说人都是怕寂寞的,于是很多人都选择了合群。例如一间四个人的宿舍,假如三个人决定赌博,而另一个人说要学习,那么他就是不合群的;假如三个人决定逃课去喝酒,而另一个人不去,也是不合群的。当"合群"代表的是这些情况时,那么合群也就意味着我们正在变得平庸,变得离优秀越来越远。

不理智的情况有很多种,冲动、矛盾、过激、盲目、自以为是,甚至分不清现实与虚无,无法清晰地明白自己的立场。随波逐流,有时也是一种不理智的行为。

如果一群人的狂欢是以自己的未来做代价,那么这种狂欢不要也罢。倘若我们所认定的合群是共同努力、携手奋进,就像合伙人一样努力为某一个目标而打拼,那才是一种值得追捧的合群。

在现实生活中我们常常遇到这样的状况:一些品德高尚、做事一丝不苟的大人物,他们在选择自己的合作对象时,往往都是独具慧眼的。就像是一些大企业任用贤能一样，哪怕某个人和总裁关系再好，可最后能出任首席执行官的人仍然不会是他，而是那些有手段、有魄力的人。

我们经常陷入一个误区，以为人际关系好便能搞定一切，我们其实忽略了另一件事——实力才是这世上最有话语权的东西。

人们在寻求合作关系的时候，最先考虑的往往是最有力的合作对象，要么合作对象是最强的，要么是最能给自己带来利益的。其余所谓的人际关系不过是一些无关紧要的因素。人际关系有时会影响我们的成功，却绝不是决定性因素，决定性因素是我们的努力及实力。

当我们通过自己的能力获得自己想要的一切之后，才会发现我们当初挖空心思去讨好别人，追求热闹与合群只是在浪费时间。能让我们随意选择自己想要的生活，而不是被生活所选择的人，恰恰是我们自己。

现实世界是残酷的，你要明白我们的朋友圈中的"好友"，许多时候其实都是基于"价值交换"而被连接到一起的。既然如此，那么你能得到多少，其实取决于你自己能给别人带来多少利益。

理智一些吧，当我们有一天被别人仰望着的时候，我们会发现当初忍受的那些寂寞以及失落是多么正确。而那些和我们一同吃过烧烤的友人，他们如今也奔赴各个岗位，在各自的工作岗位上埋头奋进。

那时我们便可以告诉自己，过去大家曾是同一个层次的人，而未来却因理智而变得不同。

你要的美好，
别人未必给得了

　　一种米养百样人。不同的人来到我们的生活中，会给我们带来很多不一样的感受。有些人走进我们的生命中，使我们的生活更美好；还有一些人，他们在我们的生活中兴风作浪，给我们深刻地上一节课，让我们领悟对错，让我们明白该怎么做人、怎么做事。

　　中国有句俗语，叫"林子大了，什么鸟都有"。有时候一些本不该承担的痛苦，恰恰是因为我们识人不清，轻易相信别人，没把握住自己的立场，做了一些不该做的事情。

　　2008年，娱乐圈内爆出了一条丑闻：某已婚女演员与某位男艺人在街头牵手。事件爆出后，已婚的女演员一时成了众矢之的，先是闹出婚变，然后痛失600万的代言费，原本戏约不断的她事业一落千丈。

在事情被媒体曝光后，男方只顾着自己摆脱窘境，态度冷酷，甚至对媒体解释"是女方主动牵的手"。此后，男方为表示划清界限，主动搬离两个人在北京的住所，力争撇开与这件事情的关系。

因为男方把所有的责任都推到了女方身上，这位已婚女明星被媒体口诛笔伐，事业一度跌到谷底。

这件事让这位女明星非常心寒，事后她在接受媒体采访时，伤心地说她算是"看透这个人了"，并表示与他从今以后老死不相往来。

这是一个令人叹息的故事。有些人闯进我们的生活，好像就是为了给我们上一堂刻骨铭心的课，然后转身离开，把伤痛、悔恨留在我们的生命中。但任何事都有两面性，不管我们如何心不甘情不愿，我们不得不承认，也正是因为有了这样的一些人，让我们在伤害中学会了保护自己，不会再那么单纯，在被欺骗后学会了成长，不会再这样轻易为人所伤。

洛洛在感情方面总是拖泥带水，自两年前与前男友分手后她就没真正走出来过。两年里她曾无数次偷偷去看前男友的朋友圈，关注着前男友的动态。她是个管不住自己心的人，而前男友恰好也是个管不住自己的"渣男"，两个人明明不在一起了，两年后却又因不甘寂寞而找上了她。

前男友先是解释自己当初与她分手的原因，再打出一张深情的牌，告诉洛洛这两年他一直在想着她，从没真正放下过。虽然洛洛在心里对那段感情本就不舍，但洛洛想到分手时他的绝情，还能保持一份理智，可后来甜言蜜语听多了，就忘记了两年前他是如何劈腿甩了她，两个人又重新走到了一起。

没过多久，洛洛发现自己有了身孕。这时，前男友却忽然像变了个人似的，对洛洛说："我的家人是不会同意我们在一起的，我们也不可能有什么未来。"

洛洛如梦初醒，原来只是自己对旧情念念不忘罢了，自己只是他的备胎。洛洛伤心欲绝，苦苦哀求，而他丢下一句"把孩子处理掉"就再也没有出现过。

后来洛洛在自己的微博中写道："都怪自己当初太单纯、太幼稚。这伤痛，深深地嵌进了我的生命里。"

洛洛经此磨难，付出了惨痛的代价，好在她没有放任自己沉溺于痛苦之中，而是勇敢地面对生活。从此，她在处理感情的事情的时候，多了些理性，既没有盲目地否定自己，觉得自己不值得被爱，也没有在对别人的恨中消耗自己，更重要的是，她并没有因为这一次伤痛，就从此不再谈爱情，而是迅速走出伤痛，重新开始，并相信仍然会遇到美好的爱情。

一年后，她遇到了一个懂她、珍惜她的人，开始了新生活。

如果你用理智驾驭情感，所有的亏都不会白吃，所有的经历都能变成财富。我们也无需将每一个生命中的过客都铭记于心，谁伤害过你，谁击溃过你，都无关紧要。你要的美好，别人未必给得了，一切都要靠自己。

越与他人比较，
你会越不开心

看到昔日与自己在同一起跑线上的朋友过上了锦衣玉食的生活，而自己还在风雨中打拼时，不少人都难以淡定，在微笑着祝福之余，略微会觉得有些心酸。感慨之后，不免拿自己跟对方作比较，但越是比较，心理越是不平衡，空留一声叹息。

心理学家称，如果一个人看到别人比自己强时，就会产生一种包含着憎恶与羡慕、愤怒与怨恨、猜嫌与失望、屈辱与虚荣以及伤心与悲痛交织的复杂情感，那就是嫉妒。

看到别人的荣光和幸福，却毁掉了自己的心情，想想又何必呢？你不是别人，又怎么可能真正明白别人的心情和感受，以及是否真的如表面看起来那般幸福呢？况且，你又怎知别人经历了怎样的艰难，才换来今天的成就？

一个人在经济上不能容忍别人比自己吃、穿、用方面高档，在工作中不能容忍同事比自己能力强……每天就盯着别人的日子过活，让自己心理失衡，失去理智，这谁能够受得了？他的这把狭隘之火，迟早会烧毁自己的未来。

都说男人像酒，年纪越大越有味道。对此，岑菲菲深信不疑。她的老公很优秀，还经营着一家大公司，身边围绕着不少女孩，这也让岑菲菲十分担心。

每天，岑菲菲总要偷偷查看老公的通话记录。做生意的男人，应酬是难免的，经常会有晚回来的时候，每次遇到这样的事，岑菲菲就连打数次电话，探探老公在做什么。不过，岑菲菲之前从来没发现老公有出轨的迹象。

年初，丈夫的公司来了几个新人，其中有个女孩叫语嫣，高挑漂亮，能力出众。她是研究生毕业，人也很聪明，说话办事得到了大家一致的认可。很快，她就被提升为总经理的秘书。岑菲菲觉得，语嫣肯定有"阴谋"。

有一次，岑菲菲到公司给老公送文件，碰巧看到老公和语嫣在办公室里有说有笑，其实他们是在谈论工作，可岑菲菲的嫉妒心却让她失去了理智。她不顾一切地冲过去，狠狠地推开语嫣，幸好老公及时拉住了她，才阻止了一场闹剧。要不然，就算真的什么事都没有，在公司里大吵大闹，也难以说清楚。

可从那次开始，岑菲菲对老公监视得更紧密了。只要一看到语嫣，一想到语嫣，她就浑身不自在，总觉得语嫣是贪图富贵的女孩，想拆散自己的家庭。起初，老公还跟她解释，可岑菲菲怎么都听不进去，非要老公立刻开除语嫣。老公不同意，说语嫣的确是个人才，可岑菲菲又哭又闹，弄得老公很为难。

他不知道，岑菲菲什么时候才能收敛下她的嫉妒心和疑心，现在他下班后很不愿意回家，只要一回家，岑菲菲就会跟他冷嘲热讽地说语嫣，让他特别烦躁。后来，语嫣主动提出辞职，说这份工作已经影响到了她的声誉。就这样，在岑菲菲的无理取闹下，丈夫失去了一个得力助手。据说，语嫣跳槽到了另外一家公司，而这家公司正好是原公司的竞争对手。

培根说过："嫉妒这恶魔，总是在暗地里悄悄地去毁掉人间的好东西。"

其实，每个人或多或少都会有嫉妒心，做到超然物外、不为世间任何人事所动，那恐怕是红尘之外的人了。有嫉妒的情绪没什么可怕，可怕的是不知如何应对和处理。看一个人嫉妒心是否过大，就要看对他的生活影响有多大。若是为了一点微不足道的小事，或者听闻周围任何一个人过得比自己好，比自己优秀，心里都会觉得很不舒服，那就真的有些不可理喻了。这样的人，就像莎士比亚说的那样，做了嫉妒的俘虏，必会受到愚弄。

嫉妒对我们来说，如同长在心里的毒刺，你任由它在心中生长，未来的日子里，你的心就会不时地隐隐作痛。与其这样过一辈子，不如拔掉那根刺，用宁静、淡定、宽容慢慢地修补心灵，完善自己。毕竟，这个世界上，总会有人让你羡慕、让你嫉妒，想要心安，就得保持淡定，你不去比较，不去在意，就没有什么东西可以伤害到你。

别去奢望自己得不到的东西，也不要眼巴巴地嫉妒别人的生活，更不要因为嫉妒而终日郁郁寡欢。每个人都有自己的个性，都有属于自己的光环，谁也不会被谁的光芒掩盖，专心做自己，那么在人生的舞台上，你就是最出色的，你也会拥有真正属于自己的观众。

有人说过这样的话："嫉妒，能享有它的只是闲人，如果我们生活充实，就不会花很大工夫沉溺在嫉妒里。"平日里多做一点有意义的事，陶冶情操，开阔视野，当一颗心充实了，内在有了质的提高，也就无暇去嫉妒他人了。

别人嘲笑你？
当成耳旁风

面对生活，人其实只有两种选择：一种是接受，另一种就是改变。

如果有人嘲笑你，你无法让他们闭上嘴巴，这时该怎么办呢？是自己一个人生闷气吗？当然不是，正确的做法是，把那些嘲笑当作耳旁风。

千万别把那些嘲笑当回事，而应该保持好心情。没什么比好心情更重要的了。输什么都不能输了心情。譬如，别人嘲笑你，你勃然大怒，这就错了，此时的你可谓是备受内忧外患的煎熬。何谓内忧外患？外患是别人嘲笑你，内忧是你无法左右自己的心情。被内忧外患包围的人，生活怎么会好呢？

我的一个发小，个子比较矮，这一度成了他的心病。他多想成为一个高大的男人，但没有用，这个世界不会为他改变什么，就像他的身高，从来都不会因为他受不了别人的嘲笑就多长几厘米。

很长时间以来，他掩不住心中的自卑。自卑又有什么用呢？于是，他报了一个心灵自修班，在那儿，他学会了"洒脱"。

心灵班的老师说，只有洒脱的人最快乐，也只有洒脱的人才有资格过好日子。说来也怪，他掌握了"洒脱"这一魔法后，顿时就发现生活变得不一样了。比如说，现在的他看见每一个人都觉得对方是笑眯眯的，他也回以真诚的微笑。笑眯眯的世界怎会不好呢？再说了，人们不是都说嘛，喜欢微笑的人运气都会很好。这句话在他身上得到了印证，他交了一个比他高10厘米的女朋友。女朋友说，她是被他的微笑吸引来的。

暂不说别的，且来说说为什么有人喜欢嘲笑别人。

嘲笑别人的人，大多都有潜藏的自卑。不要认为嘲笑别人的人都很高傲，那就错了，正是因为他们心中有着十分严重的自卑，所以他们才需要嘲笑别人、打击别人来显示自己的重要性。这样的人，他们越嘲笑别人，他们内心的自卑感就越深，就需要去嘲笑更多的人来获取心理平衡。他们难道不可怜吗？

何必和他们一般见识？和他们一般见识，就是你主动降低了自己的身份，譬如一头狮子，偏要去和老鼠打架。狮子和老鼠打架，胜利的永远只会是老鼠。狮子抬高了老鼠的地位，再不济的老鼠一旦和狮子开战,也会变成非一般的老鼠,一跃升为可以和狮子抗衡的老鼠。不管老鼠是输还是赢,从这一角度来讲,老鼠已经获得了永远的胜利。

别人嘲笑你?你就当成耳旁风,别放在心上,一放在心上,你就输了。人心只有一拳之握,三寸见方,你放的消极的事情多了,存放积极事物的空间就会被占用。若是你将那些不开心的事从来不当一回事儿,不让它们在你心间停留,能停留在你心间的,只有和阳光类似的事物。这样一来,你的生活怎会不明媚一片?

能让你变得快乐的,只有你自己。倘若你自己不善于自娱自乐,倘若你不懂得如何转移负面情绪,那么,那些负面的垃圾,只会越来越多地积压在你的心房,抢走你的快乐地盘。你要有"我的地盘我做主"的自信。别人说什么是别人的事,你如何看待由你自己做主,这才是最重要的。你应该学会"不将别人当一回事",你太拿别人当回事,你就是为别人而活了,别人随便一个眼神就可以打败你。

在遇到他人的嘲笑时,你应该知道怎么做了吧?

当不同的声音涌向自己时，
要学会不动声色

　　生活在弥漫着浮躁气息的环境里，我们会不由自主地陷入忙而烦的应急状态中，就像被生活的急流所挟裹。心浮了，气就躁了，性情也会变得敏感，听不得任何负面评议的话。一旦有不顺和自己的声音，心里就忍不住生气，难受很久，不得平静。

　　江明就是一个敏感至极的人，这样的性情给他的工作和生活制造了不少麻烦。

　　进入新公司之后，渴望出头的江明，凡事都想比别人做得快、做得好。他本身是有能力的，这一点主管在试用期内就发现了。为了提拔他，主管在他转正之后，又增大了他的工作难度，要他每周开发选题，做好采编。难度大了，问题肯定就多了，出错的概率也大了。

主管指出和纠正江明的错误，纯属分内之事，可江明却接受不了。主管批评他近来做的内容有些单一，少了点新意，他的心情便一落千丈。江明觉得，主管明知时间很紧张，却还总是挑三拣四，这是在有意刁难他，因此他心里愤愤不平。

　　接下来的日子，江明变得更加敏感多疑了。但凡开会时，主管说话稍微带点提醒的话，比如"最近工作量大，大家要坚持一下，工作时不要懒懒散散的"，江明都觉得这是在说自己；就连主管嘉奖某个同事，他听了也难受，说嫉妒也好，但更多的是感觉主管暗指自己做得不够好。

　　每天背着巨大的心理包袱，江明对工作没了兴致，出的错也越来越多。越是着急，心里越浮躁；越是浮躁，越发敏感。他不知道自己该不该继续留在公司，心里纠结不安，总觉得别人处处针对自己，做事也有心无力；就这样辞职，心里又不甘，就好像真的承认了自己能力不行。何去何从，成了一道让他夜不能寐的难题。

　　很多人也都有着类似的毛病。一句善意的批评，也会击垮自己脆弱的心灵。如此敏感慌张，怎能经受住数十年人生的风雨坎坷呢？对于批评这件事，实在无须太敏感，因为它太平常，也太正常。无论你是谁，身份地位如何，终会有人对你不满意，批评的声音也少不了。

得到别人的认可固然重要，但得到自己的认可更重要。不奢求别人给自己积极的评价，不愤怒别人给自己的不良评价，是一种大度，一种豁达，一种宽心。要做到这一点，就得学会容纳别人的评价，只有这样，才不会轻易生气。

面对难听的批评时，不要急着反唇相讥，而是冷静地自我反省。毕竟，一怒而起，火冒三丈，根本无济于事，反倒会让人讥笑你没有涵养。

爱默生说过，如果我们将批评比喻为一桶沙子，当它无情地撒向我们时，不妨静下心来，在看似不合理的要求中，找到让我们进步的"金沙"，在批评中寻找成功的机会。

当不同的声音涌向自己时，要学会不动声色，不被干扰，既不全盘接受，也不会一概不听。生气的那一刻，冷静地问问自己："他说的是不是事实？"有则改之，无则加勉。这样一来，就能在别人的评价中提升自己。

面对有悖事实的批评，要想开一点，学会放下。如果一听到恶言恶语，就气得暴跳如雷，完全丧失了理智，跟对方谩骂纠缠，结果不是更加糟糕吗？对付坏人的恶语言辞，不为所动，包容忍耐，是最好的回应。

面对那些有损自己形象与人格的言语，依然要保持理智，但这并不意味着要默认，必要的时候要为自己澄清，据理力争。

只是，回击的时候要用正确的手段，不必生气，不必怀有仇恨，只要捍卫自己的尊严即可。

　　这个世界充满浮躁，我们无须随波逐流。不管别人说什么，稳住自己的心。也许那些话带着指责，会打击你的自信，可你要知道，每个人都有自己的立场和看法，他人的看法不是真理，甚至不是事实，真的不必为此萎靡泄气、烦恼不已。

　　做自己喜欢做的事，按自己的路去走，这才是最明智之举。只要自己努力奋斗过，外界的评说又算得了什么呢?

跟别人打交道，
重在谦卑亲和

日常生活中，时常出现这样的情形：有的人能力出众，但因为过于自大，让人感觉不舒服，所以别人都不喜欢他。这种人大都非常喜欢表现自己，总想让别人知道自己有多厉害，处处彰显自己的优越感，以便能获得别人的钦佩和认可，结果却丢掉了在别人心中的威望。正因如此，别人很难接纳他。

在人际交往中，那些目中无人、小看别人的人，常常招致别人的反感，最终陷入孤立无援的地步；而那些低调的人通常能赢得更多的朋友。

我曾在一家公司遇到过一位同事，我们之间交情不深，但他给我留下了很深的印象，因为他工作不到两个月就跟产品总监大吵了一架，最后被公司辞退了。

事情是这样的：

这位同事刚刚进入公司,公司老板就对他委以重任,让他主管产品包装。但是,这位同事在设计文案时,发现自己的顶头上司——产品总监对他的工作构成非常大的阻力。因为这位同事所要修改的原方案,就是产品总监设计的。为此,这位同事很困惑,他不知道是该与总监进行协调沟通,争取把事情做到最好,还是放弃自己的设计方案,对总监投其所好。最终,这位同事下定决心,一不做二不休,全面推翻总监的设计方案。

产品总监是个好脾气的人,他很钦佩这位同事的才能,并未把这件事放在心上,两人相处得还算愉快。

可是,自从这位同事的设计方案得到了老板的赞同后,他就变了个样,经常对其他同事指手画脚,讽刺他们能力低下。更为甚者,他连产品总监也不放在眼里,动辄就说应该由他来当产品总监。

要知道,产品总监是公司的元老级人物,对公司作出巨大贡献,岂是一个工作不到两个月的员工可比的。

这位同事见产品总监对他的话不置可否,就自认为产品总监怕了他,便越发嚣张起来。

最终,产品总监忍无可忍,向老板提议将这位同事调到公司分部去。这位同事自然不肯,就跟产品总监吵了起来。

老板对这位同事的行为也是看在眼里的,虽然很看重他的才能，但更在意他的态度。再三权衡下，老板辞退了这位同事。

总的来看，这位同事在刚工作时就得到老板的认可，算是一件好事。但是，他居功自傲，不知收敛，把人际关系搞得一团糟，最终自食恶果。

所以，一旦你成为众人眼中的焦点时，一定要低调行事，绝不能放任自己，这样才有可能博得众人的好感，建立良好的关系。

萧伯纳大家都不陌生，我看到过一则关于他的趣闻：

一天，萧伯纳的一位好朋友私下对他说："你说话幽默风趣，经常逗得人忍俊不禁。可是大家都觉得，如果你不在场，他们会更快乐。因为你的锋芒实在太暴露了，你说话的时候，大家只好沉默不语。的确，你才华横溢，比别人略胜一筹。但是，如果你不注意收敛锋芒，长此以往的话，你的朋友将一个个离开你。你仔细想想，这对你有什么好处呢？"

好朋友的话让萧伯纳如梦初醒，他感到如果不收敛锋芒，彻底改过，社会将不再接纳他，又何止是失去朋友这么简单呢？

所以萧伯纳立下誓言，从此以后，再也不向别人讲尖酸的话了，要把特长发挥在文学上。这一转变，不仅奠定了萧伯纳日后在文坛上的地位，同时也让他广受各国读者的敬仰和喜爱。

萧伯纳的故事告诫人们：假如你的才能比别人高出很多，

也不必故意张扬让别人知道。低调做人，当你与别人共事时，就会有很大的回旋余地，这是一种不可缺少的自我保护，也是一种令人钦佩的内在气质。从另一方面看，低调的人之所以能够得到别人的信赖，是因为别人觉得低调的人不会对他们构成威胁。

　　跟别人打交道，重在谦卑亲和，而一个自命不凡、傲慢无礼的人自然会受到排斥。

开玩笑一定要
注意尺度

日常聊天中,基本上每个人都会开玩笑,都有过开玩笑的经历。所谓玩笑,就是玩玩闹闹,一笑而过。跟人交往时,开一个恰到好处的玩笑,可以缓解紧张、活跃气氛、增进感情,所以那些幽默的人总是受到人们的欢迎。

不过,开玩笑也要把握尺度。有的人不懂开玩笑的尺度,经常忽视长幼尊卑、男女有别、场合氛围、习俗禁忌等因素,结果让别人非常尴尬,甚至引来别人的愤慨和唾弃。

比如说,愚人节是一个开玩笑特别集中的日子。原本,在这天大家开个玩笑,耍耍小把戏,寻个开心就可以了。可有些人开玩笑不注意分寸,以至于引来不必要的麻烦。

朋友陈先生就曾在愚人节这天被人戏耍过。他对我说,如果别人跟他开一个善意的玩笑,他完全可以接受;可如果玩笑开得太过分，他就没办法接受了，甚至会跟对方撕破脸。

愚人节那天，陈先生正在上班，突然接到邻居的电话。

邻居语气急促地说："你快点到小区广场来，你的老母亲带着你儿子在广场做游戏，两个人被一条大狗咬了，情况挺严重的。"

听闻此言，陈先生慌忙跑出办公室，等不及电梯，就一口气从七楼跑到了一楼。途中，陈先生的手机又响了，邻居问："老兄，你赶过来没有？"

"我到楼下了，这就开车过去。"

"你回去上班吧，不用来了。"

陈先生忙问："怎么，你已经帮忙处理好了吗？"

邻居回答："哈哈，你的老母亲和你儿子根本没事。今天是愚人节，拿你开开心！"

陈先生连惊带吓从七楼跑到一楼，累得全身衣服都湿透了，听闻邻居说只是在开玩笑，真是气不打一处来。从这之后，他跟这位邻居的关系冷淡了很多。

可见，开玩笑一定不能过火，玩笑开得不好反而容易伤害感情，甚至会惹上麻烦。开玩笑无非是想让别人哈哈一笑，而不是你一个人笑得前仰后合，别人却被你伤害了。因此，大家在开玩笑之前，一定要设身处地地为对方想一想，如果你认为对方会和你一起开怀大笑，不妨说出来把快乐一同分享；如果你也不清楚开过玩笑之后会有什么效果，还是免开尊口的好。

一天上午，公司的人来得都比较早，大家趁上班时间还没到，就闲聊起来。

女同事小菜跟大家说，她前几天配了一副近视眼镜，昨天晚上刚刚拿到货，觉得款式和效果都不错。大家从来没见过小菜戴眼镜，就让她戴上看看。小菜说，刚配的眼镜，戴起来还不适应，所以就没急着戴。她看大家满是期待，就从包里拿出眼镜戴上了。

大家打量一番，觉得小菜戴上眼镜后增添了几分文艺气质，纷纷夸赞起来。

这时，男同事大张对大家说，他看到小菜戴眼镜，突然想起一个笑话来。大张这人平时喜欢耍嘴皮子，大家猜测他说不出什么好话来，就都没接话茬。

大张却兴致颇高地讲了起来：

有一个丑姑娘到一家鞋店买鞋，试了好几双都觉得不合适。鞋店老板为了不失去这个顾客，就蹲下身来给丑姑娘量脚的尺寸。

谁知道，这个丑姑娘是个近视眼，她看到鞋店老板光秃秃的脑袋，以为是自己的膝盖露出来了，连忙用裙子把鞋店老板的脑袋盖住了。

这时，只听鞋店老板说："哎呀，怎么这么黑，是不是又断电了？"

虽然大家平时对大张印象不太好，但还是被他这个笑话逗笑了。因为上班时间到了，大家笑过之后就开始工作了。

奇怪的是，这之后，大家从未见过小菜戴眼镜，而且小菜再也没跟大张交往过。

其中的原因不言自明。在大张看来，他只是讲了个笑话，而小菜可能认为：别人笑我近视眼也就算了，还影射我是个丑姑娘，真是太气人了。

所以说，如果你开的玩笑让别人太难堪了，就失去了玩笑的意义，反不如不开。如果你觉得有必要跟别人开个玩笑活跃下气氛，就应把握好尺度，否则只能适得其反。

就我个人的经验来讲，开玩笑时应该注意以下几种情况：

一种是对方对玩笑的态度。每个人的性格都各不相同，有些人善于开玩笑，你越是跟他开玩笑，他越是觉得你在把他当朋友，这种人开得起玩笑；有些人恰恰相反，天生谨慎，拘谨严肃，你说得稍微过分一点他就当真，这种就属于开不起玩笑的人。对于后者，你最好不要轻易跟他开玩笑，万一他没笑，反而较真起来就不好了。

一种是不要揭对方的短处。就算你面对的是一位开得起玩笑的人，也别揭对方的短处。虽然有些玩笑没什么，但是也要根据对方具体情况而定。比如你讲了一个嘲笑胖子的笑话，身体较瘦的人听了就一笑而过，可是假如在场的人当中恰巧有一位体形较胖的人，他可能会觉得受了伤害，偏执点的也许还会认为你是专门针对他的。

一种是时机和场合。有的人平时非常喜欢开玩笑，但是在特定的时期，他可能会反感开玩笑。比如说某人最近生活、工作、感情上遇到了挫折，情绪变得很糟糕，或者他最近有亲人生病甚至去世等打击，你这个时候跟对方开玩笑，就显得不合时宜了。所以当你看到原本笑容满面的人，突然变得愁眉紧锁或者满脸忧伤，你在想和他开玩笑之前就得考虑一下。还有一些特定场合本身就不适于开玩笑，比如在殡仪馆里，面对去世者的家属就不可以开玩笑。还有一些特定的时期，比如某个地区发生较大的灾难了，大家心情都很悲伤，也不适合开玩笑。

总的来说，与人交往，开玩笑的目的是博人一笑，如果你无法把握玩笑的尺度，还是不开的好。

晕轮效应：
避免因偏见伤人害己

心理学中有个"晕轮效应"，又称"光环效应"，指人们对他人的认知判断首先是根据个人的喜恶得出的，再从这个判断推论出认知对象的其他品质。由这个看似深奥的心理学现象引起的最常见的行为就是——偏见。

有权威图书将"偏见"定义为"根据一定表象或虚假的信息相互做出判断，从而出现判断失误或判断本身与判断对象的真实情况不相符合的现象"。错误的判断，盲目的推理，无知的肯定和否定，都是造成偏见的因素。现实生活中，我们很难避免根据第一印象带来的直觉定义他人的倾向，与其说不能避免，不如说我们都习惯这样做，并把这当作帮我们处理复杂微妙人际关系的主观印象，极少考虑自己的主观有可能滑向偏见一端，以至于无法在偏激的情感中审视自己的观点和立场，造成误解和尴尬。

美食杂志编辑白小林最近有点郁闷，郁闷的源头来自她办公室里新入职的一个实习生。

说起这个新人可真是了不得，她长得漂亮，身材好，打扮时尚，学历高，上班第一天就开了一辆银色小跑车，开进杂志社的院子径直就停在社长的大吉普车旁边，踩着一双猩红色高跟鞋，袅袅婷婷走进办公楼。

进了大门，她来不及跟众位同事打招呼，先接起了电话，娇滴滴地说："靓女，又想我了？那今儿晚上你朋友就归我使唤了，不把本小姐安排好了他可休想回家……你们俩可不是欠我的嘛，行行，本宫的财力你是了解的，有的是票子，你自己在家乖乖的啊，少不了你的好处！"

也不知道电话那头是谁，她这边一口一个"本小姐"，一口一个"本宫"，笑得花枝乱颤，也不管同事们满脸惊讶诧异的表情。挂了电话，她整理了一下头发，脆生生地又开了腔："你们好，我是新来的实习生，我叫李天娇，今天开始在这里上班，请问白小林白主编在吗？"

哎哟，好一个霸气外露的李天娇，白小林听见她打电话时那些不正经的话语，又见她这副千金小姐的尊容，心里说不出的别扭，初次见面又不好当面发作，只好冷着脸上前打了招呼。

就这样，这个"天之骄女"加入了她的小组，成了她十分看不顺眼却又只能忍受的一名直接下属。

李天娇入职之后，白小林每天上班看见她就觉得碍眼，那明晃晃的金属耳环碍眼，那忽闪忽闪的大长假睫毛碍眼，那"嘎噔嘎噔"响个不停的高跟鞋碍眼，尤其是她每天跟那个所谓的"靓女"打电话时说的那些话，简直就是不分场合，不知进退。

在这种厌恶之情的驱使下，白小林不但没有好好指导李天娇学习如何接手新工作，反而对她冷嘲热讽、处处刁难，李天娇的日子过得苦不堪言。她也不明白自己是哪里得罪了这位前辈高人，不管她怎么认真工作努力表现，得到的结果不是一通臭骂就是一声冷笑。总是拿热脸去贴冷屁股，她心里很委屈，关键是这位白大姐就像一块捂不暖的寒冰，任凭她卖力讨好，就是没用。

这天，李天娇又在白大主编的调教下遭了罪，终于忍不住跟白小林顶了嘴，她一边哭一边问白小林："老师，您对我有什么不满或意见都可以直接对我说，为什么总对我这个态度，您说我是绣花枕头大草包，您说我牙尖嘴利，这都不是批评了，这是人身攻击啊。我到底做错了什么，这么招您讨厌，您告诉我，我改还不行吗……"

白小林从没见过李天娇这副模样，看她哭得梨花带雨，突然觉得自己是有些过分，李天娇再怎么骄横跋扈，再怎么道德败坏，那都是工作之外的事；在工作时，她能力出众，也算勤恳负责，自己一直跟她较劲儿，欺负一个刚毕业的孩子实在没必要。想到这里，她也软下了口气，安慰了李天娇几句，让她回去工作了。

自从那件事情发生之后，白小林开始注意自己的态度，有意识地调整自己看李天娇的眼光。这一留神，她还就真发现了让自己惭愧不已的真相——李天娇每天通电话调侃的那个"靓女"不是别人，正是她那人老心不老的母亲，而那个听起来与李天娇关系暧昧的男人，当然就是她的亲爹了。这样一来，别说是晚上跟他一起吃饭看电影，周末跟他一起登山郊游，就是关心睡眠如何、腰疼不疼，也一下清楚明白了。李天娇不是什么狐狸精，外表靓丽的她是个孝顺的好女孩，跟开明时髦的父母关系很亲密。得知了这点，白小林对李天娇的态度发生了一百八十度大转弯，也发现了这个年轻漂亮的女孩身上越来越多的闪光点，不仅把她当作左膀右臂，委以重任，还把她当作妹妹一样照顾，两人变成了生活中的好友。

偏见带来的坏处总比好处多，因为从根源上讲它是根据片面、模糊、极端甚至错误的知觉形成的。当一个人对某个人或团体持有偏见，就会对其产生一种不公平、不合理的消极否定态度，从而在情感、认知、意向等方面，贬低、误解、伤害对方。

　　故事中白小林根据她以往的人生经历总结出的属于"坏女人"的刻板印象，仅凭第一次见面就把外表靓丽、打扮时尚、行为很"潮"的李天娇轻易打入"坏女人"的行列，进而"替天行道"一般地欺负她、刁难她。在白小林借工作问题发泄的怒火中，并不包含对事不对人的正常因素，更多的是"看她不顺眼"这种极为主观的理由，可想而知，这种人际关系的摩擦对开展工作、提高效率有百害而无一利。

　　除了工作场所偏见，在男女婚恋中极易出现偏差的地方就是相亲了。陌生的男女第一次见面前总会知道一些关于对方外貌、工作、收入的信息，见面后再加上第一眼"眼缘"基本就决定了对对方的态度，这时候抱有较严重偏见倾向的人就容易错失良缘，或者容易被某些善于伪装的对象迷惑。

　　避免因偏见伤人害己，你可以尝试这样做：一是消除刻板印象，不要轻易对人下定义、划是非，切忌主观认定某些人就是如何如何。二是增加平等的个人间的接触，给彼此一个深入了解对方的机会，关注点不是外表，而是性格。三是跳出日常相处环境，增加一些不同的合作场景，换个角度看对方。

　　无论遇到什么事，接触什么人，先端正自己的态度，切忌心存偏见，这样我们才能去维持基本的公平与平等。

己所不欲，
勿施于人

在世间行走，我们不仅要向内看到自己的需求，更要向外关注他人的感受，那不是一种奉献，更不是吃亏，而是对自己的保护和帮助——只有学会站在对方的立场体验和思考问题，才能在情感上得到沟通，减少矛盾分歧，奠定相互理解和接纳的基础，最终有利于问题的解决和目的的达成。

贾跃是一个热衷网购的时尚宅男，上网十余年，经历了中国网购从兴起到兴盛的整个发展过程。要是以他每月的成交量和消费量来看，他绝对算得上是中国几大购物平台的超级客户。

网购方便快捷，好处很多，但有时候也会遇到买不好的情况，退换货操作起来比较麻烦。随着网商的运营越来越成熟，越来越专业化，对消费者的保障日趋完善，连退换货也不再是什么难事，唯一困扰贾跃这种"铁杆网购狂"的问题就是快递不够快了。加上贾跃他们家的情况有点特殊——他家位于一个老旧小区的板式居民楼里，小楼一共6层，他家住顶层，因为是比较老旧的建筑，楼层也不高，当初设计时就没有装电梯。这也是贾跃偏爱网购的一个重要原因，6层说高不高，但扛着大包小包往上爬可不轻松。

自从网络上也有了超市，贾跃的购物范围又拓宽了，柴、米、油、盐、酱、醋、茶，什么都在网上买，特别是瓶装饮用水、果汁饮料和啤酒，以往都是从超市零散地买，现在网上买整箱还有折扣，可把他乐坏了。尤其是到了夏天这个需要大量饮品消暑的季节，他鼠标轻轻一点，坐在家里就能等着吃的喝的上门，当天下单，当天到货，又快又省心。

但是这样买了几次之后，贾跃注意到给他们家送货的快递小哥态度越来越差了，之前还笑呵呵地让他签收，后来把东西狠狠撂下，话都不多说一句，脸上明显有不高兴的表情。

虽说贾跃买的是商品，不是快递员的笑脸，但送快递的每次都跟他有深仇大恨一样，让他非常不自在，为此他还打了售后服务电话投诉那位快递员，快递公司对快递员进行了调换。

那人第一次给贾跃送货，就口气不善地对他说："你们这儿没有电梯，干吗一次买这么多东西，你这一单我们送上来只能挣三块钱，要不你拆成几单买，让我们也赚一些，真快累死了。"

贾跃嘴上应承着，心里却暗想："多下几单？我要不凑够了一定钱数就不能享受满额折扣，要不是为了凑单得实惠，我还不至于买这么多呢，管你送货赚多少钱，你就是干这行的，还不想受累搬东西，有本事别送快递啊。"

贾跃一如既往地在网上成箱买啤酒、饮料，跟快递员之间的不愉快时时惹他不爽，却也只能忍着，直到有一天，贾跃自己做了一回"快递员"，才彻底改变了他的想法和态度。

贾跃他们公司是私企，他是老板的助理，免不了在工作之外为老板做些私人事务。这天，老板从外面打电话给他，跟他说自己车里有些酒水饮料，让他赶紧开车给老板娘送过去，那边急着用。

贾跃拿着老板的车钥匙，开着车就到了老板家楼下，停好车打开后备箱，他可傻了眼，一箱可乐，一箱啤酒，还有红酒四瓶、橙汁、椰汁、酸枣汁两大兜，矿泉水两提。这样的量，基本赶上他每次网购的数量了，贾跃在老板娘的催促下搬着这一大堆东西往老板家走。因为东西太多，一次肯定拿不了，他只好先拿几样走几步，回来再搬几样，换着往前挪。

到了楼下他终于明白老板为什么支使他帮忙送一趟了，老板家这个楼的电梯停机检修，贾跃只能拖着东西爬到7层。他气喘吁吁地一层一层搬上去，汗湿了衬衫，手腕都快断了。

敲开老板家房门,老板娘穿着睡衣迎出来,又让他把东西都搬进屋里,轻描淡写一句"谢谢啊,你赶紧回去吧",就关上了房门。

贾跃皱着眉头,一言不发地下楼开车,他不是因为老板娘的态度生气,而是想到了那些给自己家送货的快递员,他们脸上的表情,与其说是"态度恶劣",不如说是对贾跃无声的埋怨。

己所不欲,勿施于人。酸痛的肩膀和满头大汗告诉他,他错了。虽然在买卖行为上挑不出毛病,但他的良心知道,自己不顾别人的感受,还总耍脾气投诉快递员,简直是个讨厌的自私鬼。

换位思考,低层次要做到的就是一碗水端平,对人对己同一标准,不能一味地对别人高标准、严要求,甚至是苛求,只要别人有一点不满足自己,不管人家是不是有困难有苦衷,就视作仇敌,不给好脸。高层次则是宽对人严对己,对别人做得不到位的事情,该提出来的就提出来,如果无伤大雅,则提都不用提;察觉到有什么隐情,还应主动帮助别人,广结善缘。

有时候一些觉得忍不了的事,在了解了前因后果之后,就变得很好理解了,别人为什么迟到?别人为什么说话不算数?别人为什么没有提供让你满意的服务或商品?在发怒和指责之前,多问一句为什么,就能免去很多事后的麻烦和悔恨。

同一件事，如果换作你，处在对方的位置上，是不是就一定能做得比人家周到，是不是就能满足所有人的要求？如果不能，你又有什么理由揪着别人的言行不放，还总觉得自己吃了亏？

同样的问题，在你看来是小事，在别人看来可能就是大事，学会换位思考，是高格局的体现，更能让你在社交中给别人留下好印象。

第四章

焦虑不断,
　或许是你想得太多

"想太多"
是一种妄想症

在病态心理中有一大类被称为"妄想症",现实生活中,有两成左右的成年人存在不同程度的妄想心理,他们可能会认为周围的人在观察和监视自己,甚至可能试图伤害自己,这种无理由的轻度妄想被称为"受迫害意念",另一些人则总琢磨自己是不是身体有问题,患上了什么病,强迫性地去医院做身体检查,在没有明确器质性病变的情况下坚持吃补品和药物,从中得到心理上的宽慰。

处在焦虑情绪之下的人也会出现一些轻度妄想症症状,如主观、敏感、多疑、好幻想,而且幻想的方向总是集中在负面的事情上,想太多停不下来,从而焦虑不已、难以自制。

沈珊珊最近常感觉自己右侧腹部有点疼,一天午休时她无意间对同事小周说起来,结果小周十分紧张地又是摸又是按,问她是右上腹疼还是右下腹疼。珊珊也说不好，但看见小周那副样子，她便问："就是感觉肚子里面偏右上一点的地方时不时胀痛，有一段时间了，夜里疼得厉害点儿，现在不是很明显，上腹下腹什么的有那么重要吗？"小周紧皱着眉头说："珊珊，我说话你可别不爱听，我舅妈前些天刚没，我不是跟你说了吗，你知道她是怎么没的？是肝癌！我听家里人说，她确诊后没到半年就全身扩散了……确诊之前也是，也是右侧腹部疼，医生说那个叫'肝区疼痛'。我看你最近气色都不太好，你说会不会……"沈珊珊没听清小周后面说了些什么，"肝癌"两个字像一颗原子弹那样在她的脑海里炸开，她下意识地捂住右腹，仿佛摸到了一个什么圆鼓鼓、硬邦邦的东西。

回到办公桌前，沈珊珊也顾不上工作了，她打开网络搜索页，输入"肝区疼痛"和"肝癌"，眼前一下子跳出许多关于肝病症状和病程发展的介绍。她一边看一边回想自己的症状，越看越像，每一条都像是在说自己，右侧腹部的疼痛也越来越明显，像是寒冬腊月被泼了一盆冷水，从头凉到脚，握着鼠标的手心全是汗，难道自己得了肝癌？难道自己这么年轻就得了绝症？她继续看，网上还写家族有癌症病史的人更容易患病，饮食不规律、饮酒熬夜的人也容易长肿瘤。珊珊被自己的推测吓了一跳，心里已经确认了一大半，自己恐怕就是遭遇了肝癌这个恶魔。她精神恍惚地继续查找网上关于肝癌治疗方法和生存率的文章。这期间她想到了如果自己死了父母该怎么办，想到自己跟男朋友交往了一年多，两个人现在都有结婚的意思，但她可能没有机会穿上那件洁白的婚纱了，甚至想到了要不要用生命最后的时间赶紧生个孩子，让父母以后也有个念想……这些乱七八糟的想法一旦冒出来就停也停不下来，直到同事走过来喊珊珊下班一起走，她才注意到自己对着电脑看那些东西不知不觉已经过了四个多小时。

揉着胀痛的眼睛，沈珊珊六神无主地走上了回家的路，她脑子里不断想着自己年纪轻轻就身患绝症的悲惨消息。途中接到男友电话问她晚上去哪儿吃饭，她哪儿还有心思吃饭，张口就说咱俩分手吧，说完就挂了电话并关机。她心里太乱了，需要一个人好好静一静，便想去湖边坐坐，没想到半路上因为精神不集中被一辆电动车撞倒了，小腿伤得很严重，鲜血哗哗流，珊珊赶紧开机打电话向男友求救，等男友赶到医院，她哭得昏天黑地向他倾诉。男友听珊珊说了自己的"病情"，才知道她为什么突然说要分手，真是哭笑不得，正好俩人就在医院，他便陪着珊珊去做了全身检查。

第二天下午，珊珊拿着肝功一切正常的检查报告一瘸一拐地出院了，她根本没有肝病，腹痛不过是消化系统不适的小毛病，但腿上的伤可是货真价实，之前的紧张压抑珊珊现在想想都觉得丢人。

像沈珊珊这样因为亚健康状态身体出现不适的上班族并不少见。工作繁忙，压力也比较大，身体就很容易出现这样那样的小状况，但又没有充足的时间去医院检查，白领们就想到了借助强大的网络。网络确实能帮我们搜集大量的信息，但那些信息的精确性是没有保证的，就拿医疗方面的资讯来说，同样的症状可能有完全不同的病因，只靠模棱两可的推测，怎么可能就能断定自己得了什么病。况且珊珊是带着"我一定得了绝症"这样的想法去检索信息，在焦虑不安的情绪之下，她根本无心辨别信息的真伪，只管按照自己琢磨的最坏情况去找依据，越怕越想，越想越怕。

生活中很多焦虑的情绪都源自对消极的信息接收太多，顺着消极的方向想得太多。事情就怕琢磨，因为"琢磨"本身是个主观的过程，却能引发客观的负能量聚集，使人陷入紧张惊惧的旋涡难以自拔。感觉到身体不适，不要急着给自己的健康状况下诊断书，医生的工作就留给他们去做，我们要做的是安心完成手头的工作，然后视情况及时去医院做常规化验，自己做"蒙古大夫"，靠瞎琢磨诊病，那只会是自寻烦恼。

别想太多，钻牛角尖只会让你更焦躁不安，你应该学会：

1.用积极的眼光看待事物。原本积极的东西,应该带给你快乐的好心情,但你用消极的态度去分析、去琢磨,它就变成了坏的,让你痛苦的;原本就消极的坏东西,你再往坏处想,那不是不给自己留活路了吗?

2.相信总有好事发生在自己身上。你期盼什么,命运就会赐给你什么,别把世间的负能量往自己身上吸引,没病也能琢磨出病来。

3.用有限的时间把握现在。对未来的幻想和忧虑每个人都会有,但记住,别让未雨绸缪变成自我折磨,你所忧虑的那些事其实绝大多数都不会真的发生,但全神贯注地为它们操心却有可能让你遭受其他不测。

学会倾诉，
及时排空自己

人长大了，肩上的担子重了，很多苦闷和委屈难以表达，又不能随便对人说，憋在心里慢慢发酵，只会让郁闷和焦躁越积越多。不少人就会与朋友聚会，酒酣人醉时，借着酒劲把心里的苦楚吐一吐，知道这世上还有人肯听自己说话，心甘情愿做自己的情绪垃圾桶，焦虑就会减轻许多。

林雨、严华、杨芊、文燕和刘莎这五个女孩是中学时代的同班好友，也是从小在一个大院里一起长大的好姐妹。高考之后，她们考取了不同的大学，虽然都在同一座城市里，但因都要住校，各自又有了新的朋友和同学圈子，联络也就不那么紧密了，但偶尔还会约在一起吃个饭、逛个街，聊聊彼此近况。

在她们大学毕业后第一年，作为职场新人，更是忙得没有时间见面，只是偶尔互相打个电话问候一下。突然有一天，她们四人接到了林雨的死讯，她们没想到一向性格开朗的林雨竟然会选择自杀结束自己的生命，作为她的闺蜜却丝毫没有察觉到任何征兆。

在送殡那天，许久没有见面的严华、杨芊、文燕和刘莎终于又聚齐了，她们坐在林妈妈身边，安慰着悲痛欲绝的老人。从林妈妈那里她们才知道林雨这些年过得很不顺，在大学时她就已经查出有轻度抑郁倾向了，起初她感觉选错了专业，课程掌握起来很吃力，跟宿舍的同学关系处得不太好，也没有男朋友，没人能听她倾诉。尤其到了大四那年，因为害怕学分修不够不能顺利毕业，她成天紧张焦虑，好在最后终于拿到了毕业证。由于就业形势不理想，林雨好不容易进了一家小公司当秘书，没想到那个老板不是什么正经人，死缠烂打地追求她。两个人交往四个多月后突然告诉林雨他已经结婚了，还有个两岁多的儿子，并直言不讳地告诉林雨，他不可能离婚，也不会对林雨负责，但是可以给她五万元，算是分手费。被当成"小三"对待的林雨哭哑了嗓子，跌跌撞撞回到家，不知道怎么对家人解释自己的男朋友已经是别人的丈夫这件事，更不敢告诉父母自己上个月刚为那个禽兽堕过胎。在极度的绝望和羞愤中，她选择了用死亡结束现实的折磨，纵身跃下公司所在的大楼，告别了这个对她来说冰冷又黑暗的世界。

这场悲剧的发生彻底改变了她们，也让几个女孩下定决心，以后不管多忙，每个月都要碰头举行"姐妹会"。大家凑在一起干什么都行，没空就简单吃个便饭，有空就共度周末，一起出去玩。互相说说彼此的近况，把那些不痛快的事、心里的苦水好好吐吐，把无法对外人言说的事痛痛快快地说出来。她们会聊极品的同事，聊唠叨的父母，八卦亲戚们的杂事。她们在几年之中一起经历了很多不那么美好的事，杨芊的老爸老妈一度闹离婚，文燕的老公和公司前台传过绯闻，严华因为乳腺肿瘤动了次大手术，刘莎的父母相继去世……因为有了能够敞开心扉交流的姐妹会，不管发生多坏的事，她们都能鼓起勇气面对，彼此扶持。

倾诉是每个人都需要的一种情绪调节法，你可以对陌生人、同事倾诉，也可以对家人、朋友倾诉，但最好还是求助于你的小伙伴们。因为需要倾诉的往往是一些比较私密的话题，可能涉及你的切身利益，随便对同事和家人去讲，不见得能敞开心扉，更有可能得不到好的效果。

朋友胜过金银，是人生中最值得珍惜的财富。是非成败转头空，而友情就像取之不尽用之不竭的金矿，在你承受痛苦时，在你需要支持时，是朋友的陪伴让你知道自己并不孤独，是朋友的鼓励让你阴霾的内心迎来一缕阳光。没有朋友的话，不仅遇到难事无人相助，也无法找到可一吐为快的对象，所以珍惜你的友人,并且常跟他们联络,多交流沟通彼此的近况,才能在有心事的时候及时通过倾诉排解忧虑。

对人倾诉,就是把别人当成"情绪垃圾桶",你要注意:

1.尊重那些肯倾听你的人,不要带着"发泄"的念头随便把他们喊出来,不分时间、不分场合的发泄可能让你痛快了,却会给别人带来困扰,别人没有义务安慰你、开解你,要懂得感激。

2.搬弄是非、人身攻击的话尽量不说。倾诉的是负面情绪,排遣的是内心焦虑,如果你只是想拉一个盟友一起对付某个人,想背地里挑唆朋友帮你出头,事情绝不会向着好的方向发展,宣战和宣泄可不是一回事。

3老话说:听人劝,吃饱饭。朋友听了你的诉说,可能会有他们的看法和建议,可能那些话不是你想听到的,但那是他们善意的帮助,就算你不爱听,也不要把矛头转移到他们身上,诤友难得,更该珍惜。

将压力
转化为动力

压力与随之而来的焦虑,属于心理学应激的范畴,当人察觉到应激事件时,大脑会评估当前刺激并与过去经验进行比较,一系列应激激素随之释放,人也就会在威压之下产生焦虑。为了摆脱这种焦虑,有的人会集中精神加倍努力,高效率地达到目标,完成对刺激源的排除,而有的人则会茫然无措,只顾着担心、害怕,想要逃避,沉浸在对不利后果的幻想中丧失斗志。

许多高校毕业生在求职时更青睐体面轻松的白领岗位,在获得了"安逸"工作后才发现表面的风光背后是高速运转的疲于奔命,物质享受背后是难以承受的职场竞争压力,体面的社会地位背后是患得患失的身份焦虑,事业和理想的美好仿佛已经远去,剩下的只有要么干、要么离职的痛苦折磨。

白雷大学刚毕业就到律师事务所做了律师助理,带他的老师是德高望重的老律师，从他一入职，老师就很看好他，给了他很多机会。白雷也很勤奋，各个方面表现都很好，在他的职业道路上唯一的也是最大的障碍就是律师执照了。

要成为律师，比读完大学、修完学位更重要的是通过国家司法资格考试，只有通过这个考试拿到法律职业资格，才能进一步申请律师实习，参加培训和面试，最终取得执业资格证，成为真正的律师。像白雷这样，毕业后几年都没能成功拿下这个"天下第一考"，就意味着他只能是律师助理，哪怕他已经能够熟练地完成所有法律业务。

在工作后的第五个年头，也是第五次司法考试失利后，白雷感觉老师看自己眼神变了，对自己说话也不像原来充满欣赏和鼓励。跟他同时走出校门的同学基本都已经拿到了相应的资格证，而他年年考，年年不过。头两年还能用刚参加工作太忙无心学习安慰自己，但后来老师为了给他足够的时间备考，甚至在考前两个月就允许他带薪休假，但他还是考不过。白雷发现自己对司法考试产生了恐惧，对自己的能力和智力也开始怀疑，每年九月简直成了他的噩梦。

这一年到了八月中旬，白雷的司法考试崩溃综合征又发作了，闷热的天气加上焦躁不安的情绪，让他吃不下、睡不着，一个月就瘦了十几斤。面对一米高的参考书，他拿起这本看两眼，又拿起另外一本看两眼，哪一本都看不下去。当考试的压力蔓延到日常工作中，不管他手头在做什么，心里都充满了如果今年再考不过就完了的绝望想法。同学的鄙视，同事的嘲笑，父母妻子的失望，盘旋在他脑海中挥之不去，让他不仅不能集中精神备考，更无法尽职完成老师交给他的任务。压力让白雷失去了冷静的判断，当他因为工作出错而受到批评时，总会不自觉地联想到自己是个没有资格证的"失败者"，无形中低人一等、矮人一头。

9月下旬，让白雷痛苦不已的考试终于来到了，考前老师、同事和家人一如既往地鼓励他，希望他能冷静应试、正常发挥，考出好成绩。但那些鼓励在白雷听起来简直就是威胁恐吓，考好了一切都好，独立执业的新世界将向自己敞开。那要是考不好呢？岂不是后半生都完蛋了，前面五次都考不过，后面怎么就能考过了呢？是不是自己天生不适合这个行业，还是说自己智商太低了所以怎么努力都没用……带着巨大的心理压力和复杂的忧虑走进考场，毫无意外地他又"烤煳了"。

白雷在是否继续从事律师职业之间挣扎，他不能摆脱数次失败的阴影，又不愿半途而废，承认自己只能做助理，梦想离他越来越远，剩下的只有焦虑。

俗话说：人无压力轻飘飘，井无压力不出油。有压力并不全然是坏事，但应激时情绪反应的强弱却往往因人而异，面对类似的生活或工作压力，一些人表现得忧心忡忡、茶饭不思，甚至过度焦虑，患上情绪病；而另一些人则会换一个角度去看，化压力为动力，取得更高的成就。

要知道，是肩膀上的重量让我们清晰地感受到自己存在的价值，是对成功和幸福的渴望让我们在前进路上埋头苦干，不能因遭遇挫折和困难就停下追求脚步。白雷考取证书屡次失败，一方面可能是他没有掌握全面业务知识，另一方面也可能是他太紧张了，在焦虑情绪包围下根本不能清醒地思考问题，考试难度本来就大，他还浑浑噩噩地答题，出师未捷身先死，走上考场就意味着一败涂地。

把压力转化为动力，你可以尝试这样做：

1.拿出一张A4纸，写出你正面临的压力源头，可以是一个，也可以是几个，想到的一切你都可以写下来，然后在每个压力源头上引出几条线，线上写上你能想到的对付和解决它们的方法。先不去管那些方法是否真的有效，只要你想到的就全部都写上。

2.在线的另一端，写上一旦克服了现在面临的困难，你会得到什么，千万不要去想万一我失败了会如何，那些负面的、让人心烦的念头，一丝也不要有，只写那些积极、美好、快乐的结果。

3.现在看着你画得有些乱的这张纸,它就是你走向成功和幸福的藏宝图,只要坚持走下去,就一定能得到你想要的美好生活,最先写上的那些压力源,击败它们不正是你坚持下去的动力吗?

做事要认真，
但不要总是较真

做事要认真，但不要总是较真，用自己的不完美去苛求人生的完美，那绝对是自讨苦吃。你可以不满足于现状，也应当期待一个美好的未来，但不能脱离现实做白日梦。如果梦得太离谱，追求的过程必然充满了挫败的痛苦和患得患失的焦虑，不符合自己层次和位置的目标，铆足了劲也还是够不到，醒来后也不过是一枕黄粱，徒增伤感。

28岁的大龄单身女青年陈妙凝有个非常美的名字，遗憾的是，她却没有一个非常美的外表，也不善打扮，很难称得上好看。因为外表，她受过不少委屈，生过不少气，感情经历至今还是一片空白。倒不是说没有人喜欢过她，只是喜欢上她的人她都看不上，而她看上的不是大学"校草"就是全公司第一大帅哥，人家要么名草有主，要么就算是单身也看不上她。陈妙凝毫不掩饰自己对外表的重视，还宣称自己是"外貌协会"会长，所以年近30岁的她还没有一段像样的恋情，这让陈妙凝非常沮丧。她读过不少甜蜜的言情小说，看过不少男女痴恋的催泪韩剧，那种天雷勾动地火，一见钟情后展开甜蜜又浪漫的爱情，才是她心中所求。

抱着"舍不得孩子套不着狼"的想法，陈妙凝花了8999元在某知名婚恋网站上注册成了VIP客户，按照她所购买的超级月老服务套餐约定，在四个月时间内，只要她愿意，每周的周末都可以与一位优质单身男士约会相亲。这项服务之所以如此昂贵，是因为陈妙凝对相亲对象的要求非常高，男士必须没有婚史，不是农村人，在城市里有车有房，月收入不低于两万元，年龄在29岁到35岁，相貌英俊，身高一米八以上，身材健壮……婚恋网站接待她的职员心里很清楚，相亲活动不像男女日常接触下有机会慢慢了解内在，主要就是看第一眼眼缘，像她自身那样的条件，在择偶时却开出这样超高的要求，99%是不可能成功的。但既然客户肯出钱，他们在不保证结果的前提下尽量满足她的"无理要求"。

高价买来的约会让妙凝认识了好几位"王子"，也感受到了公主一样的礼遇，在第二次相亲时，她就对一个30岁的国企高管产生了好感，但不管她怎么明示暗示，对方就是不积极。两人吃饭也好，郊游也好，逛街看电影也好，虽然有帅哥伴在身旁，但妙凝没有热恋的感觉，她怀疑对方是婚托，却也没有什么证据，而且她贪恋那种被有钱的帅哥关注和围绕的虚荣快感，打心眼里不愿意相信这一切都是假象。四个月说短不短，说长不长，在一次一次约会中，陈妙凝继续幻想着她那琼瑶式的纯爱，如果对方的客气让她感觉受伤，她就会想想小说中那些悲情苦恋的女主角，顿时觉得心痛也是恋爱不可缺少的一部分。

四个月服务期届满了，妙凝的"王子"开始频繁出差，跟她的联络也越来越少，俩人断断续续又联系了两个多月后，她明白对方想要结束关系了。妙凝沉浸在"失恋"的巨大痛苦里，整日以泪洗面，逢人便讲自己被负心汉玩弄和抛弃的经历，还不忘加上对负心汉多么帅多么优秀的描述，但哭诉帮不了她，妙凝依旧单身，依旧独自熬过孤单的夜晚。

当你看到自己身上的不完美，感觉自卑的时候，不要心生嫉妒，一味埋怨命运给你的恩赐太少，更不要在遭遇挫折和失败时，脱离实际，想入非非，把自己放到想象的世界中，企图以虚构的方式应付挫折，试图通过盲目拔高对自己和他人的要求来获得虚假的满足。幻想自己成了更貌美、更富有的人，是每个人都有的"白日梦"，这种对幸福的向往也是我们努力改善自己的动力之源，但过度依赖想象而不是切实努力，抛开自身条件空谈高要求,就像没有翅膀却想跃下悬崖,没有鳃鳔却想潜入海底,想得再美,也是死路一条。

看了妙凝的故事,你可能会觉得她也很可怜,她不漂亮,所以在婚恋的世界里处在一个不利的位置,这太不公平了。可是要知道,世间根本没有绝对的公平,有些事你觉得公平合理,无非是自己的利益得到了保证;你比别人强,不公平也成了理所应当,你不如人,则抱怨起世道昏黑、有违天理,把自己当尺子丈量这世界是否公平,正是不成熟的表现。

从现在起,丢掉幻想,给自己一个切合实际的定位,你可以:

1.承认自己是不完美的。从外表到内在,想想自己哪些地方不够完美,不管是不够好看,还是不够聪明、不够勤奋,正视它们,也许会让你感到羞愧和不自在,但却是构成"你"的重要组成部分,是你和别人不同的理由。

2.认识到世上事不如意十有八九。物极必反,事情做满了未必就好,因为有不如意的存在,美满的故事才为人们所称道。

3.敞开心扉去接纳那些同你一样不那么完美的人和事吧,如果总是居高临下地看待缺憾,就不能认清自己所处的位置,人贵在有自知之明,让自己成为一个真正的"贵人",就从自知自爱开始。

人非圣贤，孰能无过

人非圣贤，孰能无过。严格依照程序运转的是机器，而不是集天地灵气孕育而生的人类。有些人一有过错，就终日沉浸在无尽的自责、哀怨、悔恨中，好像只要有了失误，以后的人生就都要用来偿还之前的羞耻，大错小错在他们心里就像是地震海啸那样严重，不管别人是不是真的记着他们出糗的样子，反正他们自己是绝对忘不了。

因为犯错引发的窘迫会在短期内形成聚集焦虑的刺激源，这是非常正常的心理反应，但人为地把偶发事件扩大为某一类情境，把错误搞成了激起负面体验的"键"，以至于想到这个情境就会再次引起紧张、排斥的情绪反应，就不正常了。触发焦虑的"键"越是密集，你就越难得到轻松快乐的生活，自己在前进的路上埋下"地雷"，踩到一次崩溃一次，能怨得了谁呢？

从小就十分喜爱汽车的小智拿到驾驶执照三年多了，工作后省吃俭用攒了两年的钱，终于给自己买了一辆心仪的小轿车，这让小智喜欢得不得了，要不是汽车搬不上床，他肯定得抱着自己的宝贝汽车睡觉。

车本拿了三年多是不假，但小智在买这辆车之前基本没有真正开车上过路，有时候朋友喝酒了让他帮忙做一下司机，他虽然心里痒痒，但是一想到谁家车都不便宜，万一自己给人家刮了蹭了就麻烦了，也不敢随便开。驾校学的东西存在脑子里，大部分还都是理论，他最缺乏的就是靠经验积累出来的整体感觉，如今要开着自己的车上路了，小智都能听见自己的心脏扑通扑通跳，紧张得不得了。

新车新司机，如履薄冰地开了一个月，小智感觉自己已经能够很熟练地驾驭汽车了，头一个月一直没有任何刮蹭磕碰，这增强了他的信心，再上路时紧张感也变轻了。可就在他感觉"人车合一"，越开越顺手的时候，麻烦来了。

这天下了班，小智回到家刚把车停好准备上楼，电话突然响了，他一看，是自己正在追求的"女神"打来的。他赶紧接起来，原来是人家姑娘知道他买了新车，问他晚上能不能给当一下司机，帮忙往父母家运几箱水果。这可是千载难逢的好机会，小智赶紧回家洗脸洗头，又换了身干净衣服，拿上一瓶香水下楼，在车里喷了喷，确认一切完美才开上车直奔姑娘的单位。

在"女神"单位女同事们羡慕嫉妒的眼神中，小智把几箱进口水果搬进车子后备厢，又很绅士地为她开车门，看得出来，他的"女神"对此非常满意。小智心里那叫一个得意，借着这次送水果的机会，就能拜见未来的岳父岳母大人了，那他跟"女神"的关系岂不是要突飞猛进地发展？他手扶方向盘，满脑子都是"女神"变女友，娇滴滴依偎在自己怀里的场景，情不自禁咧嘴傻笑。真是乐极生悲，就在"女神"同事的目送下开出她们单位大门时，没想到右转时出了问题，就在一瞬间发出一阵巨响，小智的爱车右侧面卡在了单位大院门口的砖墙上。"女神"被吓得贴到他身上，他也顾不上高兴了，赶紧下车查看。真是糗大了，人家单位门口砖墙被他挤掉了好几块砖，上面的贴花瓷砖碎落一地，车子右侧像是嵌在了墙里，已经刮擦得面目全非。"女神"单位门外是一条并不宽的小路，对面是另一家单位的围墙，继续向前开或者向后退都是不可能的了，"女神"只好去求保安们帮着搬车，十几个人折腾了二十多分钟才把小智的车解救出来。别说送水果了，就是继续开上路也很困难，小智只好打紧急救援电话请求拖车，并尴尬地把"女神"的东西搬下车，看着她上了另一个男同事的车子走了。

后来小智的车被送到了4S店修好了，车子恢复如新，但他的心里却留下了阴影，怎么也忘不了那天撞墙的尴尬，忘不了"女神"受到惊吓后难以置信的表情，更忘不了人家单位同事们惊愕和嘲笑的眼神。他坚信自己丢人的车技遭到了所有人的鄙视，不敢开车进胡同和窄道，也不敢再联系那个自己很喜欢、很想追求的"女神"，对汽车仿佛也不那么喜欢了。

新手开车撞个树、卡个门，其实都不是什么难以宽恕的大麻烦。这事往坏了想，丢人出糗，被人看热闹嘲笑了，就像小智这样，一蹶不振，恨不得把这个"天大"的污点从生命中挖出去；往好了想，这可不是人人都能有的搞笑经历，在酒桌饭局上那么一讲，加点风趣的自嘲，不仅能博得好友或佳人一笑，更能给人以一种豁达、幽默的良好感觉，能给人留下更深刻、更特别的好印象。

对自己的过于苛求源于内心深处的不自信以及自我意识过剩的幼稚思维。要知道，首先没人时刻盯着你的一举一动；其次，就算人们巧遇了你的错误，当时说了什么做了什么，对他们来说，那也不过是一场无关紧要的小闹剧。你总是揪着不放，凭空感觉到压力山大，焦虑得要死，那就不仅会失去正午的太阳，更会失去夜晚的繁星，错过生命中其他美好的历程，被假想出来的"围观"吓倒，真的非常可笑。

别太苛求自己，学会笑对那些已经发生的失误，你可以尝试：

1.跟朋友、同事们一起开个"揭老底大会",大家都讲讲自己曾经犯过的错误,别那么严肃,就当是说个笑话,你会发现所谓的难以启齿的事,说出来之后也没有那么糟。

2.把犯错的经历当成宝贵的人生财富。错误帮助我们成长,也帮我们认识到自己能力的界限,知耻而后勇,发觉不足才会更加努力地爬向上坡路,犯错能让你变得更好。

3.克服自意识过剩。中学阶段的孩子常幻想着自己就是世界的中心,关于自己的任何状况都会被无限放大。你已经长大了,把眼光转向更远的地方吧,你很重要,但对于别人,恐怕还没有你想象的那么重要。

告别迷茫的焦虑，
拒绝做"空想家"

有想法就要付出行动，别光顾着空想，抱着那些成功学读本不撒手，别以为读懂了那些的名人名言自己也能成功，成功的路有千万条，但绝对没有一条是靠瞎琢磨就能走通的。一夜思量千条路，明朝依旧买豆腐，久而久之，进而怨天怨地怨社会，烦躁不安，焦虑不已，其实哪有尽过力啊，不过是愁肠百转，天马行空地胡思乱想。

改变现状没有速成捷径，在失败面前一百次感叹也不如一次实干，如果不能被付诸实施，再周密的计划也是一文不值，缺乏执行力会让人胆小又软弱，难成大器。

在又一次竞岗失利后，郭晓夏来到了科长的办公室，她不服气，为什么她已经在这个部门干了五年，有着丰富的经验和良好的业绩，但好不容易空出的副科长位子却给了刚进单位一年的尹瑶。科长给她倒了一杯水，语重心长地对她说："晓夏啊，你都来这四年多了吧，咱们单位的情况你不是不了解，现在上边一心想要提升整体素质，这两年招聘新人都是从硕士生起步的，本科生都不招了，你这个大专生……当然了，我不是说你不行，也不是歧视，但是你要理解这个规则，我也很为难，要不你去考一个专升本？我支持你继续往上走走，大专确实有点说不过去，可能不光是竞岗，未来高学历的新人多了，你也要考虑自己的角色，你说呢……"科长的话说得已经再明白不过了，晓夏感觉自己脸颊滚烫，十分羞耻，但这番话对她来说并不值得震惊，因为就算科长不说，她自己也几乎每天都在思索和纠结这件事。

郭晓夏不是个好逸恶劳的人，也不是没有理想和抱负，只是当年读完大专因为专业对口、条件合适就进到了这家单位，五年来她努力工作，通过对专业知识的钻研，在业务能力上并不输给别人。现在为了竞岗再回到学校去读专升本或者考硕士研究生，她不确定是不是真的有实际意义。但想到这里她会更纠结，所谓"实际意义"意味着什么呢？像现在这样竞岗失利，每次都因为学历不够感觉低人一头，如果拿到了学位证，是不是就能昂首挺胸，拥有更多机会了呢？单位这边是一个萝卜一个坑，离开现在的岗位去进修，天知道回来时自己的"坑"还在不在？年年招新人，自己顺利拿到学位要几年时间，万一考学不顺利呢，是不是会耽误更久，甚至最后竹篮打水一场空？

在这样反反复复地思量和纠结中，一天一天过去，一个月一个月过去，晓夏几乎每天都在考虑该不该迈出这一步，需不需要趁着年轻再拼一把。看见新上任的副科长有了独立的办公室，有了专供差遣的助理，还能向下属发号施令，她就会羡慕嫉妒得不行，恨不得立马放下工作，进修拿证，让领导和同事们都看到自己的能力；看见每个月工资卡上将近一万元的收入，她又会想，现在就是硕士研究生刚毕业也拿不到这么多薪水，读书有什么用呢，不过是花钱耗时混一张纸，自己就是读到博士，没了现在这份好工作，还不是全做了无用功。几次赌气时买的教材，在月月发薪水时丢到了角落，她想给自己宽宽心，安慰自己只要有份稳定的工作，丰厚的收入，就不要去跟人攀比，当不了领导就不要想太多，但在高学历的年轻新人包围下，她心里不痛快，渴望能像他们一样凭着闪闪发光的证书挺直腰杆工作，加上对未来可能被新人取代的恐惧一直都在，忧思一口一口吃掉她的快乐，烦躁愤恨的表情占据了她的面庞，她觉得自己快要精神分裂了。

郭晓夏是个典型的"墙头草"，认识到自己目前有什么不足，也渴望着做出改变，但是琢磨一万遍也下不了狠心走出改变的第一步，她难受，焦虑，一下有劲头，一下又泄了劲儿，在进退间游移不定，在得失上纠结不清。

如果你也面临着类似晓夏的抉择，甚至你现在的生活并不是你想要的，那就勇敢坦率地回答自己：究竟什么是你想做的事情、适合你的事情？不要让别人主宰你的生活，更别让各种琐碎繁杂的借口阻碍你前进的脚步，因为宝贵的生命只有一次。掰着手指头数数，你这辈子真正能去享受的日子不过一万天，是要这一万天活出自己的风格，还是重复着别人设定好的一天重复一万次，庸庸碌碌混吃等死，都由你自己决定。想好了就去做，别再"等有机会了再说"，绝大多数"等有机会"的事根本不会实现。机会是自己给的，不是靠等来的，你真的做了，焦虑的源头不见了，自然就不会再左右为难，去画出自己生命的轨迹，你一定要快乐地创造并享受生活。

告别迷茫的焦虑，拒绝做"空想家"，你要明白：

1.空想=0，空想+空想=0，空想×1000000000000=0。

2.不如别人的地方，靠幻想是不可能变强的，想要的东西，靠空想是不可能得到的。你痛苦，不是因为你没有什么，而是因为你总在穷琢磨自己为什么没有，自己有了会怎样。

3.成功学的书读起来爽，实际上跟童话没有区别，如果你不能像成功人士那样挽起袖口拼命地实干的话，永远只能是个膜拜别人成就的失败者。

不要陷入
争执的消耗中

不知从什么时候开始,"斤斤计较"也有了自己的教派,有人耗费大量的时间研究怎么能在任何小事上都不吃亏,怎么能让别人知道自己睚眦必报的厉害。身边的每个人都是他们的假想敌,揣着恶意看世界,果然哪里都是需要教训和惩罚的"讨厌鬼",敌弱我强时就不遗余力地发动攻击,敌强我弱时则憋着一肚子的怨气暗自较劲,力争把自己修炼成对付别人的"高手",恨不得一句话噎死人才叫有本事、有智慧。

凌蓉最近发现一个有意思的网站,在这个网站的论坛里,很多网友在分享自己勇斗"极品"的事迹和经验,那些被他们称作"极品"的人,可能是他们身边的亲朋好友、服务员、老师、一起等公车的陌生人等,而他们的口号是"以眼还眼、以牙还牙",几个大神级别的"毒舌"版主坐镇,向凌蓉这样一肚子憋屈，想好好教训对方又不知该怎么办的网友传授"报仇秘籍"。

之所以会对这个网站产生兴趣，要从两个月前凌蓉家隔壁搬来的新邻居说起，那是一个四口之家，夫妻俩都是忙碌的上班族，每天家里留下一个老太太带着个六七岁的男孩，让凌蓉恨得咬牙切齿的问题就出在这个小男孩身上。在她看来，这个孩子就是传说中的"熊孩子"。每天早晨不到七点一准开始嗷嗷叫，又是摔东西又是捶墙，更狠的是他父母还给他买了钢琴让他每天练习，每天晚饭时间过后，断断续续不成曲调的琴声就会穿透墙壁，钻进凌蓉的脑子里。因为这事，凌蓉几乎每天都生气，早晨伴着"熊孩子"的号叫醒来，连闹钟都省了，晚上下班回家想安静休息会儿，还要被"魔音"攻击两三个小时。偶尔赶上那个孩子不愿意练琴惹父母生气时，大人骂，小孩哭，更让她心里冒火。要说平时天天这样虽然烦人，也不至于让凌蓉想到报复，最难以忍受的是经过一周工作日的摧残，周末时候这家人竟然还让"熊孩子"上钢琴课，凌蓉从没料想过琴声能够把她逼到如此焦虑不堪、神经衰弱的地步。

看着论坛上网友们七嘴八舌的支招，凌蓉心里浓浓的烦闷和恨意在不断发酵，她想出了无数个"大仇得报"的场景，但由于心中还有理智，幻想起来再解恨，她也不敢去实施。放下自己的事不谈，论坛上其他网友们吐槽的经历也都够倒霉的，她跟着大家一起怒骂,一起出损招。闲暇时间,逛这个"睚眦必报"论坛几乎成了她每天最重要的活动,时间长了,凌蓉整个人的精神面貌都蒙上了一层乌云。她越来越不信任别人,越来越讨厌跟人接触,在她眼里,社会上充满了该死的"极品"和让她恶心的烂事,每张笑脸背后都藏着一把尖刀,每句关心问候的潜台词都是讽刺挖苦。

这天,坐在沙发上抱着电脑的凌蓉又在痛骂网友爆料的恶心事,恶毒的语言从她的指尖噼噼啪啪地敲打到屏幕上,怒火已经无关邻居,无关小孩练琴的噪音。她也根本没有注意到,那让她困扰的噪声已经很多天没有响起过了。之所以还沉溺于这个充斥着郁闷和谩骂的网站,只是因为她压抑不了内心的暴戾,在社会打拼有太多的不如意,每天接触形形色色的人,发生那么多让她看不顺眼的事情,她想让那些人全都遭到报应,又不敢真的去跟谁正面交锋,所以只能通过网络发泄着自己的负面情绪。如果恶意有颜色,此刻的凌蓉一定已经陷进了一团漆黑之中⋯⋯

凌蓉的生存状态让我不由得联想起一个很凄惨的成语——饮鸩止渴,她把自己泡在负面情绪酿成的毒酒里,越是解决不了现实的痛苦,越会依赖虚拟世界里跟她一样被负能量围绕的人们。近朱者赤近墨者黑,每天凑在一起交换对人生的绝望、对社会的控诉,就像是病毒与病毒交叉感染,凌蓉病了,她的心理越病越重，关键是她根本不想痊愈。

在穷吵恶斗和人身攻击中寻求生活的智慧，本身就是错误的。真正的大智慧，存在于人与人之间积极和美好的交往中。善意和包容使人平和，内心的平静使人更满足、更快乐。豁达的人，看得开，想得开，性格开朗，度量宏大，吃亏不心疼，受累不肉疼，绝对不怨天尤人，徒增苦恼。豁达大度地看待那些不如意的事，苦恼就会瞬间灰飞烟灭，很快恢复平和的心境。真正睿智的人，还会从不如意中找到幽默感，找到值得庆幸的点，掘取更多欢乐。

做个豁达的智者，你要杜绝如下行为：

1.有了矛盾不正面解决，藏在心里偷偷记恨。就事论事，能解决就解决，解决不了也犯不着折磨自己，别人对不住你，你自己再生闷气，双份难受都堆在你身上了。

2.热衷于言语伤人，把注意力放在怎么打击报复上。难听的话谁都会说，说狠话不算什么值得骄傲的特技，成功让别人痛苦只能证明你的卑劣。

3.别纠结自己受过的伤。记住契诃夫那句话：如果你的手指扎了根刺，你应当高兴，感激自己的幸运吧——幸亏这根刺不是扎在眼睛里！

告别往日阴影

表面上看我们每个人都活在当下，都只能存在于此刻，但有些人却只有肉体跟随时间前行，心灵则留在了极乐或痛苦的过去。人的经历，尤其是激烈的、极端的情绪体验，不会因为时间的推移就消亡不见，反而会随着时间的积淀变得愈加清晰浓厚，这种知觉的积累让我们的生命有了厚重感，有了岁月风霜浸染后的稳重与老成。同时，也让我们中的一些人成了往昔的奴隶，背着一个个沉重的包袱，不断反刍着那"曾经沧海难为水"的愁怨。

王松认识柳雨的时候正赶上失恋，他的初恋女友觉得他没出息，不值得托付终身，所以在相恋七年后突然提出分手，找了一个美国人，远嫁海外。心爱的女人跟她的新欢登上飞机那天，痛不欲生的王松一个人跑去酒吧喝酒，喝成了酒精中毒，当他被送到医院急诊抢救时，负责照顾他的小护士就是柳宇。

柳宇听王松讲了自己的故事,温柔善良的她被眼前这个痴情的男人打动了,在王松出院后,他们成了朋友,偶尔会打电话聊聊天,一起吃个饭。柳宇成了王松的心理依靠,女友跟人跑了这件事对王松打击很大,但他很要面子,除了对柳宇,他不愿再对任何人谈起那段痛苦的经历。一来二去,俩人越走越近,都感觉到了彼此的好感,但王松心中的伤口从未愈合,那个抛弃他的女人还在他的心里。可能是得不到的永远最美,爱也好,恨也罢,王松始终对前女友念念不忘。他们所在的城市本来也不大,不管走到哪里,他都会如坠梦幻一样对身边的柳宇讲起他和前女友曾经来时的甜蜜场景。起初柳宇把他的这些行为当做是深情痴心的证明,虽然也感觉别扭,但她说服自己要懂事,要宽容,既然爱上了这个男人,就要包容他、心疼他,七年的初恋感情,肯定不是说放下就能放下,反倒正是他的用情至深感动了柳宇,让她也想拥有那种刻骨铭心的爱情。

正式交往三个月了,王松的失恋情绪并没有任何好转,他心不在焉地与柳宇谈着恋爱,她越是温柔体贴,他就越是自私任性,时不时喝醉了大闹一场,又哭又笑地念叨着前女友的名字。有一次还挑起嘴角冷冷地对柳宇说:"你永远不是她,谁都不是她。"柳宇说爱他,他却说:"你说你究竟爱我什么?女人都是水性杨花,你早晚也会跟别人跑!"一句话噎得柳宇不知道该怎么回答，只能哭泣着不再说话。

柳宇是个漂亮的小护士，性格温婉，家境也很好，追她的人绝不只有王松一个。她一直想找一个对待感情认真、痴情又有责任心的男人，本着宁缺毋滥的原则一直没有恋爱，但是像王松这样对前任执着不改已经远远超出了她想要的"痴情"，跟这样一个整天活在回忆里的男人恋爱让她总是很受伤，柳宇的情绪也渐渐被阴霾笼罩。

记不清是第几回听见王松那死气沉沉的宣言，他又说："我的心已经死了，我已经不会再爱了。"柳宇没有哭，她微微笑着说："既然是这样，我们就分手吧，我没法跟一个心如死灰的人共同生活。"王松抬起头看着自己的女朋友，她脸上没有愤恨，没有不甘，笑得很真诚，那笑容就像第一次在重症监护室他睁开眼睛时看到的一样——温柔、优雅、平和。

王松又失恋了，这次他不知道该去埋怨谁，看上去是女友主动提出分手抛弃了他，但他没有底气指责对方。失去柳宇之后，他的脑海里都是她那瘦弱却一直坚定跟随着他的身影，胸口闷闷地疼痛着，谁说他的心已经死了？

王松是个痴情之人，更是个痴傻之人，他不仅用前女友的错误惩罚自己，还惩罚了真心爱着他的另一个女人。拥有时不知道珍惜，他任由旧伤口叫嚣着疼痛；等到失去了，又陷入求之不得的郁闷中。虽然文艺一点讲，在男女情事中得不到的最美好、失去了的最难忘，但脚踏实地，回到现实中想一想，生活不是取悦观众的文艺片，恋情受挫、姻缘不保，谁心里难受谁知道。

活在当下，才能自在、洒脱，才能给新的感动和惊喜留出余地，逝去了的青春，逝去了的爱情，逝去了的生命，逝去了的金钱、荣誉和地位都已经随时间的洪流远去，你哭过、笑过、痛过也幸福过，想战胜过去的心魔，只有靠现在、靠此刻。

活在当下，告别往日阴影带来的焦虑残留，你可以尝试：

1.把困扰你的过往写在纸上，然后一把火烧掉，看着火焰吞噬你写下的点点滴滴，用坚定的声音对自己说：过去就是过去了，已经结束了，没了，我不会再受它影响。

2.少追忆，多展望。好汉不提当年勇，纪念日只在特别的时刻才显得贵重，如果你每周有一半以上时间沉浸在旧事里，心情受到记忆里的情节影响，就要有意识地做一次情绪垃圾大扫除了。

3.怜取眼前人，善待新朋友。谁跟你在一起，就对谁好，不要让现在的轻慢冷漠变成将来悔不当初，忘不了旧人，可以假想对方已经死了，人死如灯灭，无须再挂心伤怀。

未来很远，
能把握的只有现在

一位女士，总是迫不及待地"奔向未来"：同事约她周末逛街，她马上会制订一个逛街计划，甚至想好几点在哪里吃什么；朋友约她看电影，最后一个镜头还没结束，她就已经起身准备离开，回去的路上开始计划着明天的安排。她的生活，从来都不是生活在此时此地，而是在未来的某一刻。

世间多少女子，都在重复着这样的生活。20岁之前，活在父母的期望下，背负着学业的压力，总想着有一天振翅高飞，拥有自己的天空。20岁之后，离开了父母的庇佑，独自撑起自己的世界，体会到了生活的艰辛。恋爱了，结婚了，开始为事业、为生活打拼，想象着小有成就、有房有车的幸福。人到中年，该有的东西都得到得差不多了，却又开始感叹青春的流逝，觉得有太多遗憾，似乎有什么事还没有完成。

究竟丢了什么呢？仔细一想：活了几十年，从未真正地善待过自己，享受过生活。眼睛一直盯着未来，心里想的全是以后，全然不知，每个"今天"都是人生里最特别的日子。

22岁那年，安云跟着男友一起从老家来到深圳。人生地不熟，没有一个安身之处，幸好有同乡的帮忙，他们才暂时有了一个栖息地——农户的出租房。安定下来后，自然就要谋寻出路了。

几经周折，安云找到了房产业务的工作，男友也找到了一份不错的差事。很快，男友就向安云求婚了。不过，安云没答应，在这个偌大的城市里，她太缺乏安全感了，她的理由是："我们现在什么都没有，刚刚能够养活自己，结婚要花钱，以后养孩子要花钱，等你在这个城市站稳脚跟再说吧！"男友理解安云，没再多说，开始更卖命地工作。

第二年，他的工作有了很大的起色，而安云的工资也从开始的2000元逐渐稳定在每月4000元左右。老板很赏识这个勤学肯干的女孩，有意提拔她做主管。男友再次提出结婚，安云又犹豫了，说希望有了房子再结婚，况且现在有提升的机会，自己也不想因为结婚的事而耽误。这一次，男友依然答应了她，表示愿意再等。

第三年，男友凑够了首付，买下了一套房子。可是，成为有房一族的喜悦没持续多久，安云就郁郁寡欢了，想起每个月要还房贷，她心里就像压了一块石头。她害怕自己失业，也害怕男友的工作出现意外，非说再攒点钱，等有点多余的钱了再考虑结婚。

两人每天拼命地工作，生活上也很节俭，甚至想不起多久没有去电影院看过一场电影了，更别提一起出去旅游，浪漫一下。男友以前有抽烟的嗜好，偶尔也爱跟朋友喝点小酒，可自打心里装进了"早点还清贷款"这块石头，他索性把烟酒全戒了。

几年之后，安云和男友都已经到了而立之年。男友已经褪去了当年那副青涩的模样，俨然被生活磨砺成一个有所作为的青年。此时，他已经还清了贷款，也买了一辆车。安云觉得，他们是时候结婚了。可她没想到，男友却提出了分手。安云得知后，精神彻底崩溃，她向男友哭诉："我节衣缩食这么多年，不舍得买件衣服，不舍得买化妆品，一心都是为了咱们的将来，我有什么错呢？为什么要这样对我？"

男友的回答倒也干脆："相处这么多年，我实在太累了。你从来不满足于现状，就算我们现在结了婚，以后的日子也一样还会很辛苦。你要的那种幸福，我永远都给不起。我想要的生活，是一边享受现在，一边计划未来，而不是变成一个赚钱的机器，生活的奴隶。"

细数一下，人生有多少个十年？世间许多事都是无法预料的，能把握的只有现在。天天忙碌，日日辛苦，憧憬着多年后的生活，把想要的东西一点点地往后移，直到真的该要去享受的那一天，却发现时间不等人，许多事已经来不及了，这才是人生最大的遗憾和悲哀。

　　享受生活，不一定需要多少物质作为支撑，更不需要等到未来的某个时候。女作家毕淑敏写过一篇文章，名为《女人什么时候开始享受》，里面有这样一段触动人心的话："我们所说的享受，不是一掷千金的挥霍，不是灯红酒绿的奢侈，不是喝三吆四的排场，不是颐指气使的骄横……我们所说的享受，不是珠光宝气的华贵，不是绫罗绸缎的柔美，不是周游列国的潇洒，不是管弦丝竹的飘逸……只不过是在厨房里，单独为自己做一样爱吃的；在商场里，专门为自己买一件心爱的礼物；在公园里，和儿时的好朋友无拘无束地聊聊天，不用频频地看表，顾忌家人的晚饭和晾出去还未收回的衣衫；在剧院里，看一出自己喜欢的喜剧或电影，不必惦念任何人的阴晴冷暖……"

　　每个人都拥有享受生活的权利，都有可以享受的美好。只可惜，这份最平常、最基本的生活乐趣，已经被越来越多的人在追求物欲中遗忘了。

　　吴淡如说过："当我发现一个人的我依然会微笑时，我才开始领会，生活是如此美妙的礼物。喝一杯咖啡是享受，看一本书是享受，无事可做也是享受，生活本身就是享受，生命中的琐碎时光都是享受。"

给自己留一点享受生活的时间与空间吧！从今天开始，从现在开始！不要只想着为了房子车子苦苦奋斗多少年，不要再把所有的精力投入到工作上，多爱自己一点，抽点时间逛逛街，看看喜欢的书，把活着的每一天都当成最珍贵的礼物，随时享乐，幸福就不再是遥望的海市蜃楼。

生活要有界限感，
做人不要太热情

可能是影视剧看得太多了，一些年轻人总是偏激地认为人心险恶，尤其是当他步入职场时，觉得自己会遇到没完没了的办公室斗争。为了应对这种情况，他往往会对所有人都很热情，生怕一不小心就得罪了人。其实，职场并没有这类新人想象中那么可怕，如果太过热情，反倒会让别人敬而远之。

职场既很看重利益又很看重界限，人们因为利益之争会变得很冷漠，也会因为尊重彼此的界限而保持适当的距离。过度热情的人虽然能够很好地克制心中的冷漠，却无法很好地尊重彼此的界限，以至于让别人对他产生戒心，总认为他的热心是不怀好意、另有所图。

职场中，一个过度冷漠的人是不太受人欢迎的；同样，一个太过热情的人则容易触犯彼此的界限。

我们公司业务部的许天，是一个性格开朗、乐于助人的人。对新人或者公司其他部门的人都是热情有加，因此人缘非常好。没想到，正是这种热情给他带来了不小的麻烦。去年的年会召开前，公司领导找许天谈话想委派他协助业务部赵经理在A市组建一个业务开拓部。这关系到公司在A市的业务建构，事关公司的发展。许天非常认同公司的决定，立马就同意了。

举行年会的时候领导宣布了这个决定，赵经理任业务开拓部主任，许天自然是副主任。赵经理属于成熟稳重型的人，善于进行事实分析和论证。而许天天生是个乐观派，信奉快速开始、积极实施，很快与新业务部的同事打成了一片。

新部门工作开展得不是很顺利，由于一切才刚刚开始，条件比较艰苦，员工工资不高，却几乎天天到外面去跑市场。大家虽然都很辛苦，但工作成效并不显著。

有一段时间，大家的情绪比较低落，对业务开拓部设立的必要性有些怀疑。这种情况让许天很是着急。尽管许天不是主任，但每天干完活，都会约几个同事到公司旁边的茶馆喝茶聊天，不是发牢骚而是探讨业务开拓部的发展对策。聊来聊去，让许多同事重新燃起了工作的信心，大家集思广益提出了许多很好的发展建议。

开拓部的日子眼看着一天天好起来了，但许天隐隐感觉到自己的工作越来越不顺利了。自己提出来的计划通不过,制定好的方案实施不了……渐渐地,许天发现自己竟然成为业务部的"局外人"了。百思不得其解之后,许天敲开了老板的办公室。领导对许天的到来很是热情,问他有什么困难或好建议。

许天把自己的想法和顾虑和盘托出。领导也没有拐弯抹角,直接告诉许天,赵经理多次反映主任位置有点被许天架空的感觉,说许天整天请同事饮茶喝酒,是有意拉拢同事关系。许天回去后,仔细反省了这段时间的工作。自己作为副主任确实比主任工作还积极,完全忽略了赵经理的存在。

工作中,确实有许多人过度热情,对同事毫无顾忌地主动伸出了自己的"援助之手"。其实,偶尔帮忙能培养同事之间的感情,太过频繁的帮助则会让别人觉得你是对别人工作的"干预",好像别人永远不如你。因此,跟同事交流时要多观察,在别人真的需要你帮助的时候再施以援手,也许效果会更好。

不要做"要是我"先生

现代社会中有一些很自我的人,他们认为自己就是太阳,所有的人都离不开他们,都要围着他们转。在我身边就有这样一位同事,我们都幽默地称他为"要是我"先生。

"要是我"先生是一所名牌大学的毕业生,大学刚毕业就来到了我们公司,由于"要是我"先生能力很强,业绩优秀,三个月的实习期刚满就被总经理委以重任,并升为部门经理。由于"要是我"先生在与人交流时总是以"要是我"开头,于是便获得了"要是我"先生的称号。比如当看到有男孩和自己的女友吵架时,他就会对周围的人说:"要是我的话,肯定让着女孩,绝对不和女孩吵架。"

最重要的是他把自己的"要是我"口头禅也带到了工作中。比如,当下属没有按时向他提交材料时,他就会说:"要是我的话,绝对能按时做完。"当他约见的客户迟到了几分钟时,他就会说:"要是我的话,我绝对不会迟到。"更令人惊讶的是,有一次总经理开车带他去见客户,车子在半路上突然坏了,这时他居然说:"要是我的话,出门前就会仔细检查车子,这样就能避免这种情况了。"总之,在"要是我"先生的世界里他总是最聪明的那个人,而别人在他面前总是显得很无能。

渐渐地,"要是我"先生觉得自己在公司的地位越来越重要。为此,他也更加疯狂地在说着他的"要是我"口头禅。等到他与公司签订的劳动合同快要到期时,他更加认为公司会给他升职加薪,但他没有想到,等来的却是一封辞退信。对此,他非常不满,于是带着怨气去找总经理理论。还没等"要是我"先生开口,总经理便对他说:"你是不是想对我说,要是我是你的话,肯定会毫不犹豫地留下你,并且给你升职加薪?"

"要是我"先生听完总经理的话,突然变得紧张起来。总经理接着说:"我承认你是一个很优秀的人,但是我也不希望你因为自己的优秀就夸大别人的无能。再说了,公司是一个团体,很多事情都离不开别人的帮忙,你真的可以一个人完成吗?"

"要是我"先生没再说什么,他像一只斗败的公鸡,低垂着头走出了总经理的办公室。此刻他终于明白,他挂在嘴边的"要是我"是让自己失去工作的罪魁祸首。

其实,"要是我……"这样的句式就相当于说大话或者空话，只会让别人心生厌恶，而不会得到别人的认可和欣赏。所以你要记住，你没有太阳的光芒，也不是宇宙的核心，更不是社会的焦点。因此，请不要过于高看自己，你只是一个普通的人，和别人没有任何差别。

说到这里，如何才能谦卑做人呢？

首先，在与别人交往时要学会换位思考。所谓换位思考就是不以自我为中心，而是设身处地地为他人着想。换位思考不仅能让我们更加了解别人，而且也能让我们更加清晰地认识自己。

其次，在与别人交往时要学会接纳不同的观点。每个人都有自己的生活圈子和价值观。因此，你不要去干涉别人的生活，更不要影响别人的价值观。你要做的就是：既要学会坚持自己的价值观，也要学会尊重别人的价值观。当然，你可以从你的价值观出发去评论某些人、某些事，但不要与他人发生争执。另外，你还要学会接纳不同的观点。这样，你既可以丰富自己的阅历，也可以将别人的优点转化为自己的长处。

最后，在与别人交往时要学会谦虚。所谓的谦虚就是，在与别人进行沟通时，要学会多说"好"少说"不好"，多用"您"做主语少用"我"做主语。具体到谈话中就是要多谈对方的事情，少谈自己的事情，并尽可能地引导对方谈论他们自己的事情。另外，在谈话中还要体现出自己的真诚，当对别人谈到的问题不明白时，就要向别人请教。当与别人互动时，不要说大话。

总之，与他人沟通时要摒弃以自我为中心的习惯，努力做到关注他人的处境，体会他人的感受，尊重他人的价值，这样才能建立良好的人际关系。

第五章

专注做事,
别让无关的
事情折磨你

一天二十四个小时，
你是如何度过的呢？

一天二十四个小时，你是如何度过的呢？

凌晨一点至七点在休息。起床后急匆匆地洗脸刷牙，把自己收拾妥当，做早餐，然后出门上班。上午九点到了办公室，打开电脑，收拾一下办公桌，冲一杯咖啡，开始吃早餐。等这一切都就绪后，时间差不多到了九点半，你登上QQ，开始查收邮件。不知不觉中，到了十点。这时，你开始处理手里比较急的事情，嗯，状态不错。可就在这时，微信响起了提示音。打开微信，是大学同学约了下班后一起吃饭。回复了同学的微信，一看时间，该订午餐了。订完午餐，你继续刚才未完成的工作，其间，少不了和同事聊一会儿和接听各种电话。上午就这样过去了。中午花一个小时的时间吃午饭。下午一点至六点仍然为工作时间，但是通常在开始工作的前半个小时内，都还没从午休的慵懒中缓过神来。好不容易进入了工作状态,部门又通知开会了。开完会,边走出会议室边跟同事唠唠嗑,于是,十分钟又过去了。坐回工位,翻翻手机,然后接着工作。很快,已经是下午五点半,想着晚上的聚餐,心早就按捺不住,浏览一下网页,开始收拾东西,六点还差两分,便直奔打卡机前,等着打卡。晚饭一吃就是好几个小时,等聚完餐回到家,已精疲力尽。洗漱完毕,赶紧躺到床上,明天还上班呢。

一天就这么过去了。这也是许多人很典型的日常。认真计算起来,一天真的工作的时间是三小时,还是两小时?

当我们每一天都是这样度过的时候,这些日子就会替我们构建出一个平凡的人生。假如我们用这二十四个小时做自己想做的事,而不是这么碌碌无为,或许就会有不一样的结果。

有人曾说过:"如果我们想过上1%的生活,那么就要敢于放弃99%的平庸。"我们每一天在社会上奔波,我们假装与身边的同事、朋友攀谈,我们假装与他人很熟络,假装自己活得很热闹,可最后却什么都没得到。我们假装自己很忙,每天手上都有做不完的工作,我们一直都在加班,我们自豪于这个季度又完成了多少业绩。我们匆匆在这个社会上游走,看似拥有了很多,却又好像什么也没拥有。

我们有一个忙碌而平庸的人生,我们会因别人的轻视去努力奋斗,却不知道自己每一天到底是为何而忙,都在忙些什么?到底如何才能过上想要的生活?每个人都在问,却没有人敢真正放弃自己生命里99%的平庸。

没有人敢放弃目前已有的一切,去真正为自己而努力奋斗,我们已经习惯了虚与委蛇,习惯了每天都在瞎忙,习惯了这样没有远大目标碌碌无为地活着。我们拒绝思考,常常用战术上的勤奋掩盖战略上的懒惰。我们在习以为常的惯性中走向平庸,一生碌碌无为,还安慰自己平凡可贵。

是的,人可以平凡,却不能活得平庸。有时候我们只有放弃生活中的那些平庸,才有可能获得成功,过上那1%想要的生活。

美国的哈兰·山德士上校四十岁之前的人生称得上是平凡无奇。少年时期的他由于家庭原因,才念到六年级就不想读书了,于是到一家农场工作。后来他又陆续做过粉刷匠、消防员、保险推销员,他还当了一阵子兵。四十岁之后的哈兰·山德士来到了肯塔基州,在这里开了一家加油站。加油站的客人很多,每一次来的人都经历了长途的奔波,人们都饥肠辘辘,此时,哈兰·山德士有了一个新主意,为什么他不兼顾经营快餐呢?

他的厨艺非常好,有了这个想法,他立马就行动起来,于是加油站开始兼顾经营一些日常饭菜。在这期间,他还推出了自己的特色食品,也就是后来令肯德基闻名于世的炸鸡的雏形。

由于味道不错，这些独特的炸鸡块很快就受到了欢迎，甚至有越来越多的人来到这里，不为加油，而是为了吃他们家的炸鸡。因为客流量太大，哈兰·山德士不得不在马路对面开了一家山德士餐厅。这个时候，他的年纪已经很大了。

后来哈兰·山德士的炸鸡事业越做越大，但受二战的影响，国内经济萧条，哈兰·山德士再次变得一贫如洗。此时，他的人生经历了平凡——成功——平凡，从终点回到了起点。

虽然生活很残酷，但山德士却没有放弃，他回想起自己曾经当农场工人、保险推销员、粉刷匠的那些日子，目前的一切就都不算辛苦了。如果不去改变，那么他有可能就这么落魄下去。为了改变现状，他开始拿着手中的炸鸡秘方去其他饭店一家家地推销，两年内他推销了一千多次，被拒绝了一千多次。后来，就因为他的坚持，终于有一家饭店肯购买他的炸鸡秘方。从此，山德士的生意越来越好，越做越大，让肯德基在五年后成了风靡全美国的炸鸡店。

事业成功后的哈兰·山德士后来接受了一家电视台的采访，在采访中他说自己六十多岁了仍旧不甘于平庸，更不相信创业是年轻人的事，年纪大的人也一样可以。也正因为有这样的人生信条，哈兰·山德士才会在年轻时告别了粉刷匠、保险推销员等工作，也正因为不愿这么碌碌无为下去，才拼命地努力，终于为自己争取来不平凡的人生。

假如甘于99%的平庸，那么99%的可能，我们只能平凡甚至平庸地过一生。每天都淹没在漫无目的琐碎中，从来不去规划自己的未来，不去正视自己的内心，蹉跎了人生。

不记得谁说过："平庸是一场灾难，也是人生的悲剧。只是更多的时候，是我们自己为自己导演了这场灾难和悲剧。"是的，生命是一场奇妙的旅行，如果你想看到常人看不到的风景，就要走常人不敢走的路。

有一位成功人士说过："一个人做一件事，只要跨出了第一步，然后以后每一步都稳当地走下去，我们会发现我们已经逐渐靠近了自己的目的地。如果我们知道了自己的缺点，并且已经开始改变，那么我们其实就已经走在了成功的路上。"

人生很公平，只有真正把它当回事的人，才能得到幸运的眷顾，也只有敢于放弃那99%的平庸，才能让我们变成那1%的成功幸运儿。

把生命"拉长",
提高时间的利用率

莎士比亚曾经说过:"不管饕餮的时间怎样吞噬一切,我们要在这一息尚存的时候,努力博取我们的声誉,使时间这把镰刀不能伤害我们。"而赫胥黎说:"时间最不偏私,给任何人都是24小时;时间也最偏私,给任何人都不是24小时。"的确,在同样的情况下,要想把生命"拉长",只有提高时间的利用率。

选择了必须的、重要的事情,势必就要排除次要的、琐碎之事的羁绊。对于那些琐事,要果断地说"不",否则生活的重心就会偏移。

方敏是一个很好说话的人,很少与他人起争执。可是在职场里,方敏的"好脾气"让所有人都可以支使她。同事们经常随口一句"帮我复印一下""帮我把这个文件交给小张",她自己的事就这样被耽搁了。

时间一长,方敏的工作效率难免降低,因此遭到了领导的批评。为此,方敏既烦恼又有些愤怒:凭什么让我来帮你们做?可是她又不想因为这一点小事而破坏了同事间的关系。渐渐地,方敏把这样的负面情绪越来越多地带回了家里,老公经常被无缘无故地"火喷",连女儿也抱怨说"妈妈不如以前温柔了"。

其实,"好说话"也算是方敏的优点,但不分场合,不分界限,优点就不一定能给她带来优势。想不得罪同事,又要表达自己的界限,其实很简单:态度上温和,立场上坚定。当他人习惯性地抛来一些小事上的"指令"时,完全可以以一种优雅地姿态告诉对方:"我正在忙,过半个小时好吗?"话音一出,相信对方也就意识到自己的失礼或不妥,没有人愿意花上半个小时去等待复印一个文件。

每个人的时间和精力都是有限的,不可能顾及到方方面面;要完成自我,就不能事无巨细,优先处理对个人影响巨大的要务。必要时,应该有勇气不卑不亢地拒绝。

把最优的精力、最多的时间用在最重要的事情上,这无疑是在为达成目标铺了一条最简捷的成功之路。有一本畅销书《把时间留给最重要的事》中说:"管理时间难,长期坚持以重要的事情为中心来管理时间，进而管理自己的整个人生就更是难上加难。"因此，我们要学会把重要和紧急的事情加以区分，最大程度地降低时间成本。这样，我们才能在去繁就简的过程中，享受到效率带给我们的成就之感。

生活中有相当一部分人会不自觉地把大部分时间花费在急迫但不重要的事务上，对时间严格的限制让人们往往容易产生"紧迫等于重要"的错觉。然而忙忙碌碌到最后，却发现没有得到什么收获。

另一方面，对于一些重要但不紧急的事务，很多人也不能很好地处理，不是因为时间和精力不够，而是因为懈怠和放弃。比如，国家的资格认证考试，需要很长时间积累却并不是迫在眉睫，于是多数人一开始都会热情四溢，但到最后通过率却不到20%。很明显，他们不懂得把这些不紧迫却十分重要的事情坚持到底，没有学会该做的坚持，不该做的放弃。

要想在有限的时间里做出高效的事情，就要学会选择重点，舍弃次要。大凡成功人士都会专注于每一阶段的小目标，因为他们知道这是通向最终目标的一个个重要环节。

现在已是"凯利-穆尔油漆公司"主席的美国企业家威廉·穆尔，拥有着规模宏大的企业和令人称羡的成就。然而在这些光环背后，却很少有人知道穆尔是怎样从一名月工资仅有

160美元的销售员，逐渐走上成功之路的。

初入社会，穆尔争取到了为格利登公司销售油漆的一份工作。谁也没有想到，第一个月的工资少得可怜，仅仅有160美元。但就在这样窘迫的情况下，穆尔丝毫没有气馁。他仔细分析了自己的销售图表，发现一个现象：他的80%收益来自20%的客户。这让穆尔进一步琢磨，是否要对所有的客户花费同样的时间？

发现这一不平衡的差异，对穆尔的人生来说，是一个转折，他立即改变了工作重点。穆尔要求把最不活跃的36个客户重新分派给其他销售员，而自己则选择了最有希望的客户，把精力全部集中在此。很快，他一个月就赚到了1000美元。

在此后的事业发展上，穆尔也从未放弃这一原则，这最终使他走上了成功之路。

当今社会，由于经济利益的刺激，新鲜事物不断涌现，摆在人们面前的选择越来越多。有的是徒耗成本，有的是持平收益；而人生最大的遗憾莫过于，轻易放弃不该放弃的，却固执坚持不该坚持的。

对于那些并不一定与我们人生目标相关的琐事，要选择性地说"不"。透过纷繁迷雾，集中精力地去做重要的事，排除次要事务的羁绊，就是为了最大化地降低时间成本。

  稍安勿躁，生命之花才会开得更久，香味更浓，人生之路才会走得更稳，行得更远，生活之蜜才会酿得更醇，更甜。

别给他人
得寸进尺的机会

对于很多人而言，也许千军万马在前也不足以让他们后退，可是一句简单的"不行"，却能让他们脸色骤变。因为不敢、不愿、不能说出那句拒绝的话，他们不得不耗费自己的时间和精力去履行别人的义务。

我的同事小张，就是一个不懂拒绝别人的人。每到下班的时间，公司里的其他人都会马上离开，他们要回家接孩子，他们要回家做饭……至于还没完成的工作，他们通常让小张帮忙完成。有好几次，我下班的时候都看到小张在办公室里加班，虽然我知道她下班后都是直接回家，并没有多少约会，但是小张住的地方离公司很远，坐公交车差不多要一个半小时才能到。为了省钱，她住的地方很偏僻，房租虽然降下去了，可是治安还是令人担忧。如果太晚回家，对一个女孩子来说的确不安全。

我几次跟她说别帮别人加班,她总摇头,说都是同事,别人拜托了,不好意思拒绝,而且多做一点自己还能学到东西。既然她这样说,我也不好说什么。

直到有一天,小张因为加班回去得很晚,第二天上午十点多才到公司。迟到一次,别说扣除全勤奖,甚至还会按时间扣除工资。小张对用钱方面素来节俭,生活也是精打细算,在我看来她会迟到简直等于太阳从西边出来了。中午吃过饭,我去小张的办公室找她,一问才知道她昨天回去包被抢了。人倒是没伤到,报案后回家吓得一晚上不敢睡,所以才会迟到。

要不是昨晚加班,她根本不至于天黑还在外面。我有些生气,让她以后下班了就走,别再帮别人处理那些琐事了。小张只是笑,也不回应。我决定和她好好谈谈。

把小张叫到一边后,我问她:"来公司有没有自己的打算,有没有想过升职?"她点点头。我又问她:"既然想升职,那是不是该让自己的业务更熟练一些,掌握更多的技能?"她也点点头。然后我问她:"从每天做的那些事里面学到的东西多吗?"她承认学到的不多,但是又说日积月累,终究是有用的。我顿时哭笑不得。之后的日子,小张依然每天在忙碌,但有时也会抱怨别人让她觉得很烦、很不舒服。我没有再劝她。如果她自己没有办法说出拒绝的话,那么没人能帮她解决这个烦恼。

其实我们和小张一样，很多事情，自己也不愿意去做，但是当别人请你帮忙时，你不想拒绝，只好自我安慰，告诉自己予人玫瑰，手有余香，告诉自己这是礼尚往来，告诉自己人际关系多么重要，在未来的某天它或许会发挥不可思议的作用。的确，这些想法都没错，可是，不要忘了，"玫瑰"有着尖锐的刺，不小心会扎到自己！人际关系之所以能发挥作用，不过是因为对方看重你。如果你不懂拒绝，别人只会觉得你好闲，一个习惯使唤你的人，一个不尊重你的时间的人，他真的会在未来给你帮助吗？

你有自己的生活，你有自己的目标，如果总是为了别人的事情耽误自己的时间，那是不是得不偿失呢？为什么不拒绝？凭什么不拒绝？你不是谁的奴隶，如果那点可怜的脸面阻碍了你的进步，为什么不把它撕破？

除了不忍心拒绝别人，还有不能拒绝的人，有的是亲人，有的是上司。亲人间的请求是最难拒绝的。而上司请你帮忙，识相的人都不会拒绝。不过，即便是如此，你也不能完全不拒绝。每个人都应该有自己的下限，什么样的忙该帮，什么样的事不该答应，心里要有分寸。

我大学时有个室友非常看重家人，因为母亲去世得早，她非常疼自己的弟弟，不管弟弟要什么她都极力满足。那时她一个月生活费才400元，还要每个月悄悄给弟弟一些。每次她弟弟来电话，我们都知道她又要囊中羞涩了。

她弟弟要钱的理由很多，学校要交钱啊，要买资料啊，或者干脆说要去玩游戏，可是她从来没拒绝过。我们都跟她说不能这么惯着弟弟，可是她怎么都不听，一直说弟弟可怜，当姐姐的应该照顾他。因为她的宠溺，她弟弟一直泡在网吧，成绩很差，最后早早辍学，又不愿意去找事做，只想着让她养。

大学四年，高中时土气的女孩们都蜕变得美丽了，只有她，年纪轻轻就显老了，因为她除了上课，都在做兼职给弟弟挣零花钱。她付出了这么多，最后得到的是什么呢？一个沉重的压得她直不起腰的负担而已。

有些拒绝必须说出口，因为你不说，或许就是害了对方。如果我室友对她弟弟严格管教，不对他百依百顺，现在他们的情况应该会发生很大变化吧。

还有些拒绝，你不说，就是害自己。来自上司的请求，多数人都不会拒绝，可是如果是违背做人基本原则的事情，违法的事情，还有不符合道德的请求你也不拒绝，那么你只是在给自己挖坑。

说出拒绝的话需要很大的勇气，但是适当的条件下还是要尝试，别给自己放弃自我的机会，也别给他人得寸进尺的机会。

隐忍要把握度，
不要将自己逼上绝路

任何人的忍耐都是有限度的，一味地忍耐，到最后很可能让自己憋出内伤，或者一时想不开采取极端手段。因此隐忍要有限度，不要将自己逼上绝路。

我的朋友小茹是个北漂姑娘，为了省房租，她和两个大学女同学合租。虽然三个人交情还不错，但是住在一起后就不一样了。每个人都有自己的生活习惯，那两个女孩比较强势，而小茹性格比较软弱，因此三人之间有冲突的时候，总是她在退让。尽管避免了口舌之争，但是小茹却越来越觉得不舒服。

原先只是在一些大事的处理上存在分歧，后来在一些小细节上也让小茹感到不快。

小茹跟朋友们聊天的时候，总是"大吐苦水"，说她那两个室友简直是"奇葩"，从来不拖地，用过厨房后隔上好几天才收拾，鞋子到处乱扔……因为都是一些鸡毛蒜皮的小事，多数人都认为小茹太过斤斤计较了，因此附和她的人很少，大家都劝她把心放宽些，忍一忍就过去了。

大概是因为找不到支持自己的人，她便不再跟朋友们提这些事了。这样一来，我反而有些担心了。这些日常的烦恼，如果她找不到合适的方式倾诉一下，那么只能积压在心头，对她的身心会造成不良影响。于是，我时不时就会和她联系一下，听她聊聊那些烦心事。

久而久之，我发现她之所以会有那么多抱怨，是因为她和另外两位室友处于不平等的地位。她们对她的要求，她都努力做到了，但是她对她们的要求，她们起先还会听一听，之后就左耳进右耳出了，甚至有时候会当面拒绝。而这种时候，她也只是选择忍气吞声，因为觉得以后相处的时间还长，撕破脸不好。久而久之，她们大概也看出她是个软柿子，开始变本加厉，比如将打扫卫生这种本该分摊的事情都推给她。

虽然只是一些小事，但是一件一件积压下来，还是让小茹难以承受。现在她一想到下班回家后要面对两个"奇葩"室友就觉得难受，好几次她都想搬走，可是一时之间也找不到更合适的住所。她跟我说，她也不知道自己可以忍到什么时候，生怕自己失控跟室友闹翻。

当她又一次跟我抱怨时,我很坦率地说:"你心里有不满,为什么不直接说出来呢?你憋在心里,她们只会觉得你活该吃亏。你又不是要和她们过一辈子,有什么说不出口的。你以前跟我说你顾及颜面,可是人家都不顾,你还非要打掉牙齿和血往下吞吗?你一直这样忍着,她们就会对你好一点吗?你这样只是让自己变得越来越好欺负而已。"

她听后沉默不语,半响才说"会试着改变"。我知道对她来说,和那两个室友发生分歧是一件很糟糕的事。但我还是希望她可以尝试一下,如果她每次都是习惯性忍让,情绪会越来越焦躁,那样反而可能引发更加糟糕的事情。

过了一阵子,小茹跟我说,那两个室友拜托她帮忙从外面带饭时她拒绝了——虽然是顺路,但她就是不想带,所以断然拒绝了。我觉得这是一个好现象。之后,打扫室内卫生的事她也不再大包大揽了,每天定时清理自己房间的生活垃圾,至于那两个人的,她们自己不清理,她也就当没看见。起初那两个室友还有些诧异,甚至摆脸色给小茹看,小茹就当没看见一样。后来她们见小茹不像以前那么好说话了,反倒没以前那么嚣张了,也开始主动打扫室内卫生了。

因为居住状态的改善,小茹的心情好了不少,现在她已经很少"吐苦水"了。不论是在和室友的相处上,还是在工作上,她都一改往日的懦弱，开始大胆表明自己的立场，这并没有给她的人际关系带来麻烦，相反，她因此更加自信了，也更加受欢迎了。

在日常的人际交往中，忍让或许可以帮你解决很多麻烦，但是你心中也相应地会增加一点芥蒂和负担。如果不能及时排解，那么这些负能量会一点一点累积，直到你不堪重负时崩溃或者爆发。到那时，或许会有更恶劣的事情发生。为了避免这种结局的出现，从现在开始，学着说"不"吧。

每个人
都有自己的路要走

　　德国哲学家尼采说:"如果我们想走到高处,就要使用自己的双腿,而不是让别人把我们抬到高处,或者坐在别人的背上和头上。"别人不是我们的救世主,我们的成功也不可能一直依靠别人而获得,同样,别人也不是衡量我们的标准。每个人都有自己的路要走,自己的想法才是自己该有的人生准则。

　　你是否遇到过这种状况:当我们面临选择时,常常会有人在一旁替我们出主意,或者对我们即将要做的这些事进行评价。总有一些人劝我们选A,也会有一些人希望我们选B。做决定的人如果头脑比较清醒,可以在听取他人意见的基础上,完善自己最初的想法。可如果做决定的人本身就没什么主意,但凡外界有些不太统一的声音,他们便乱了阵脚,最后也不知道这件事情该不该去做了,好像自己的脑袋长在了他人身上一样。

　　有位美国的退伍军人曾在战场上负过伤,当他退伍时,由于年纪比较大了，所以一直都没有找到工作，别人经常劝他拿着抚恤金养活自己就行了，可他不听，依旧坚定自己的信念，继续找任职的机会。

有一次，他在街头看到一条招聘广告，是美国最大的一家木材公司在招聘员工。当他去求职的时候，这家公司的保安拦住了他："先生，您这个样子是绝对不会有人聘用您的。"他笑着对保安说了句"谢谢"。后来，经过了几道关卡，他终于见到了公司的副总裁，他把自己的想法告诉了副总裁，希望对方能够给自己一个机会，他想拥有一份正式的工作。

副总裁被他的毅力感动了，决定给他一次机会。副总裁说："美国中部有个州，那边有个烂摊子，你去帮我收拾收拾。那边公司与客户的关系比较恶劣，所以我派了许多优秀的经理人都没办法把欠款收回来。不仅如此，长期的恶劣关系还导致我们的公司形象受到了很大的损害。"

军人一听，非常慎重地对这位副总裁做出了承诺。他说："我一定会尽自己的努力完成您交给我的任务。"其实副总裁并不相信他真的能解决好这些事情，因为比他更优秀的人都没有完成这一项任务。

军人回家后家人听到他要去中部的消息，纷纷来劝说他不要去。周围有十个人，十个人全是不赞同他去中部的。倘若是别人，在这样的情况下，一定会放弃，可军人并不这样想，他认为这是一个很好的机会，于是他还是选择去了中部。

第二天他就去了中部，几个月以后他理顺了中部所有的客户关系，并且拿回来了几乎所有的欠款。他们公司在中部的形象也得到了很好的提升。副总裁对他刮目相看，于是把他推荐给了总裁。

这一次总裁特意单独会见他，并且对他说："中部这几个拖欠款项的项目，一直是我们公司最头痛的问题，许多优秀经理人都无法解决它，唯独你解决了。其实中部问题并不仅仅是一个单纯的经营难题，它也是我们公司出给应聘者的一道考题。公司这几年一直在为远东地区选一位区域总裁，这个职位是我们公司最重要的一个职位，但是我们选择经理人的过程中，总是挑选不到最合适的人才，有些职业经理人很优秀，但不能很好地解决我们公司的难题。在解决问题的过程中，许多人会因为别人的看法而改变自己的观点，觉得之前那么多优秀的人才都无法解决，凭什么后来的人就能解决？于是很多想尝试的人都放弃了，也有些人愿意去尝试，但后来失败了，只有你做得最好。如果你愿意的话，我们希望聘请你担任这一职务，从今天开始，你就是我们公司远东地区的总裁。"

军人回家后，大家都以为他失败了，没想到得到了他成功的消息。这一次,他的职位不是这家大名鼎鼎的公司的小员工,而是远东地区的总裁,大家都觉得很不可思议……

很多时候,我们的命运就掌握在自己手中,别人说的话对于我们来说,只是一个建议,我们无须盲目地听从。假如一件事情我们真的认为是对的,那么就勇敢去做。作为一个人,最可贵的便是拥有自己独立的思想。倘若我们连自己的思想都要抹杀,那么便别怪别人将我们当作一个傻子,随意玩弄。

别人不是衡量我们的标准。第一,不要拿自己和别人做对比,别人不是我们,我们也不是别人;第二,不要随意将别人的话当作自己的人生信条,自己的人生自己去规划;第三,无论做什么事,一定要有自己的独立见解,不要别人说什么,自己就去做什么。

有一句话说得好,假如我们长了脑子,并且庆幸是自己长的,那么就让自己为自己思考吧。谁都没有资格为你的人生负责,你的未来掌握在自己手里。

将自己视若珍宝，
别人才会重视你

别人对待你的态度，取决于你对待自己人生的态度。当你自爱、优秀、独立时，他人才会尊重你、重视你、珍惜你。

我曾有一个同事，穿着邋遢，为人处世也不成熟，他有一个绰号叫"运动鞋"。在大家的印象中，无论春夏秋冬，无论是上班还是同事聚会，他永远都穿着他那双运动鞋，从不更换。有好事者，拿这鞋子的事情与他开玩笑，他黑着脸不解释，但依旧我行我素。

那年年末，公司组织客户答谢年会，明确要求参与人员一律正装出席。没想到年会现场，"运动鞋"依旧是穿着那双运动鞋，总经理看见他这身装扮，认为在客户面前有损公司职业化形象，狠狠地批评了"运动鞋"的部门经理。

从那以后，公司上下都视"运动鞋"为异类，没有人愿意与他同一间办公室,也没有人愿意与他合作共事,到最后,公司里已经没有人愿意和他多说一句话。"运动鞋"最后只能选择离职。

办理离职手续的那天,他依旧穿着他的运动鞋。我在想,一个人只有把自己当回事儿,才会有更多人把你当回事儿。

如果你对自己都是敷衍了事,别人小看你、轻视你,甚至对你无礼,那也不足为怪。

其实在爱情里,"将自己视若珍宝,别人才会重视你"这句话依旧是真理。

诗人舒婷曾经在诗歌《致橡树》中抒写自己理想的爱情观:

我如果爱你——
绝不像攀援的凌霄花,
借你的高枝炫耀自己;
我如果爱你——
绝不学痴情的鸟儿,
为绿荫重复单调的歌曲;
也不止像泉源,
常年送来清凉的慰藉;
也不止像险峰,

增加你的高度,
衬托你的威仪。
甚至日光,
甚至春雨。
不,
这些都还不够!
我必须是你近旁的一株木棉,
作为树的形象和你站在一起。
根,
紧握在地下;
叶,
相触在云里。
每一阵风过,
我们都互相致意,
但没有人,
听懂我们的言语。
你有你的铜枝铁干,
像刀,
像剑,
也像戟;

我有我红硕的花朵,
像沉重的叹息,
又像英勇的火炬。
我们分担寒潮、
风雷、
霹雳;
我们共享雾霭、
流岚、
虹霓。
仿佛永远分离,
却又终身相依。
这才是伟大的爱情,
坚贞就在这里:
爱——
不仅爱你伟岸的身躯,
也爱你坚持的位置,
足下的土地。

　　一个人倘若在一段感情里一直低声下气,那么也不可能在这段感情里获得幸福。人都是有惯性的,如果我们一直无底线地迁就对方，那么对方自然也就会养成目中无人的脾性，我们只有首先把自己当回事，理智地保持应有的底线，才不至于输得一塌糊涂。

在我脑海中有一段很深刻的记忆。十二月的哈尔滨天气十分寒冷，大街上有一对男女在闹分手，男孩似乎想走，女孩跑上前去挽留他，不知男孩说了什么，女孩竟然当众给他跪下，哭得满脸泪痕。男孩似乎是觉得难堪，终于还是回头将她扶起，他低语几句，似乎是在安抚她，后来两个人一起离开了。我永远无法忘记那时男孩眼中敷衍与不耐烦的神色。

纵然女孩跪下了又如何，人生还如此漫长，难道女孩要一辈子委曲求全地待在他身边吗？倘若男孩要分手时她转身就走，或许日后还能在男孩心里留下一抹痕迹。女孩下跪之后，纵然男孩转身了，可这段感情又能维持多久？

一个人在一段感情中毫无保留地退让，自己都不把自己当回事，没有原则，没有棱角，那么也注定得不到自己想要的爱情。只有我们尊重自己、珍惜自己，才能换来别人的尊重。无论在感情上还是在事业上、生活上，这个道理同样适用。一个人只有将自己视若珍宝，别人才会重视你。

每个人都应该有
属于自己的独立空间

英国女作家伍尔夫说过,每个人都要有一间自己的屋子。

毫无疑问,伍尔夫所说的"屋子",是指属于自己的独立空间。世上唯有专注于自己的生活、懂得经营自我世界的人,才能克制情感,不去打扰别人的生活。

周末早上,本想多睡一会儿的陈寒,被刺耳的电话铃声吵醒。她睁开惺忪的睡眼,没有看手机屏幕上的来电姓名,就直接按了静音。她知道,此时打电话的没别人,只有表妹。这样的戏码,隔三岔五就会上演。

果然,在手机无人应答之后,表妹发来了信息,想让陈寒陪她出去转转。陈寒被打扰得睡意全无,本来她今天还有份报告要写,可想到表妹总是这样"耐不住寂寞",便决定跟她出门,趁机教育教育她。

一小时后，表妹的车已经停在楼下。她自从结束了上一段恋爱后，就一直单身，没有可以缠着的男友，就把陈寒锁定为目标。原因很简单，陈寒因为前两年去了国外进修，还没来得及恋爱。这个世界上，单身的女子永远都是同性出门逛街的最佳拍档。

到了中午，姐妹两人逛得累了，就找了一家幽静的小店坐下来。

陈寒问表妹："你平时下班都做什么？"表妹一边吃蛋糕，一边说："不确定啊！有时跟同事出去玩，有时跟同学约会，有时自己逛逛，实在没事做，就只能去爸妈那里蹭饭，跟他们闲聊。"陈寒突然觉得自己的问题有点多余，显然表妹就是那种耐不住寂寞的人，不可能一个人待着。

陈寒感叹："你为什么非得找个人陪呀？我看，当初就是因为你太黏人了，阿峰受不了你，才被吓跑的。今天就是出来清洗下戒指，买两双袜子，一个小时就可以搞定，你偏偏要吵醒我……你不知道我很累呀？"姐妹俩关系很好，经常会开开玩笑调侃一下，她知道表妹听见这样的话，也不会往心里去。

表妹撇了下嘴说："看来，你也嫌弃我了！其实吧，早上我也不想打电话给你，可实在找不到其他人了。我就是不喜欢一个人待着，觉得特别闷，喘不过气来。不过，你说得没错，当初阿峰跟我分开，也有这方面的原因，他说他没有自由了，我还要死要活地跟他吵了好久，说他没良心。我真有那么黏人吗？"

陈寒半带嘲讽地说："你觉得你还不够黏人吗？我要不是跟你有血缘关系，早就跟你绝交了。话说回来，以后你最好不要这样。我们是姐妹，有些话可以直说，但别人心里有想法，未必会告诉你。不管是恋人还是朋友，都需要自己的空间，你觉得孤单寂寞了，就去纠缠别人，你敢保证别人和你想的一样吗？也许人家明明有事要做，只是不好意思拒绝你，违心地跟你出来了。一次可以，两次无妨，次数多了，势必会觉得你很烦。女人啊，要给自己的生活留点空白，有属于自己的生活。"

这番话，表妹倒是真的听进了心里。想想自己这些年来，几乎就没有空闲独处的时候，借用一句广告语来形容：我不是在约会，就是在去约会的路上。买东西的时候想找人陪，看电影的时候想找人陪，心情不好的时候想找人陪，就算去考试或面试也想找个人陪……若不是表姐陈寒跟自己讲这些，她还觉得那些推三阻四的朋友都不是真心待自己，现在想想，或许是自己打扰了别人的生活。

那次见面谈话后，陈寒发现表妹有了变化。虽然她偶尔也会约自己出门，但和过去相比，她的"骚扰"电话明显少了，再不会因为买一件东西也让她帮忙拿主意，去补办身份证也让她陪同。让她更惊讶的是，表妹竟然独自去海南旅行了。看着她在朋友圈发的照片，阳光、沙滩、微笑，陈寒心里一阵欣慰，她在动态下面回复：重生的凤凰，恭喜你！

生活如同连续剧，每一集的时间是固定的，柴米油盐、上班下班就像片头、片尾曲，熟悉得令人感到疲倦，但每天的情节故事都是未知的，有喜有忧，有苦有乐。舞台上来来回回很多人，但最终的主角只有一个，那就是自己。

不过，很多时候，我们恰恰忘记了自己是生活的主人，似乎只有和他人相处时才能感受到自我的存在。殊不知，每个人都有自己的生活重心，不懂得演绎好自己的角色，靠自己去丰富生活和心灵，往往就会加剧损害人与人之间的情感。你的热情，也许会变成他人的负担；你的介入，也许会打扰别人独立的空间。

想要不打扰他人的生活，就要先学会拥有自己的生活。周末的时间，朋友可能也希望独处，不要轻易去打扰他们。要知道，生活的乐趣通常都是跟爱好联系在一起的，读一本自己喜欢的小说，沏一壶淡淡的绿茶，看一部暖心的电影，都可以让浮躁的心平静下来。

人生的道路，始终都要自己一步步走，遇到问题的时候，可以询问朋友的建议，却不要期待对方为自己做决定。对与错，好与坏，结果没人知道，在无法保证每一个决定都是最好、最正确的时候，朋友会感到压力。

　　无论是亲人、朋友还是爱人，彼此间可以畅谈心声，可以分享喜乐，可以共同经历挫折，但有一点你必须牢记于心：每个人都有自己的生活方式，无论那个人是谁，都不要因为自己内心的寂寞、枯燥的生活而去纠缠他。做一个内心淡定而丰盈的人，不求他人占满自己的心房，在不为人知的心灵一角，给自己留一间"屋子"，自由呼吸，活出个性。

做人不可太精明

在社会中行走,我们总是想把自己最聪明、最光鲜的一面示人。可是,你的聪明用对地方了吗?

我必须承认,岳峰给我的最初印象非常好。当时,我在一家杂志社工作,岳峰是众多应聘者中最为出类拔萃的,他随身带来了一叠厚厚的稿纸,是他自己先前创作的作品集。他带着几分自豪告诉我:已经有一家出版社准备把他的稿子修改后出版。

面试结束后,他追问我是否可以录用,而后我又接到几次岳峰发来的短信和邮件,询问应聘的结果。看来他确实很重视这个工作机会。于是,两周后,他坐进了公司的办公室。岳峰过人的聪明很快表现了出来——可惜大多是小聪明。

身为编辑,平时工作时间QQ在线,这是很正常的事情。但是岳峰算是让我开了眼——他上班的时候同时开着三个QQ。一个工作用,一个朋友用,一个闲聊用。岳峰似乎有充足的时间,每次我从他身边走过,都能看见他以极快的速度向QQ消息窗口里面输入文字。

有一天上班的时候,他忽然大声叫起来:"哈哈,真的是!"然后他激动地向办公室里的人大声叙述他在网上怎么听说某名人的QQ号,然后如何添加这个号码,查证这个信息……真是聪明绝顶!一个同事跟着说笑了两句后,留下他一人坐在那里疯狂敲击键盘,自言自语,兴奋不已。

同事提醒他,应该排除干扰,专心自己的本职工作,而如今他不仅没有做到,还严重影响到了别人的工作。第二天,我惊奇地发现他安静多了,QQ也只开了一个,似乎一整天都在那里专心找选题。没过几天,我就发现他启动了"预警系统"。每次听见我的椅子一响,他便一敲键盘,各种窗口就全部缩小了。真是精明,知道用"老板键",可是他却不知道——他什么时候在干什么,我其实大都知道。

我也有很多次是站在他背后喝咖啡,跟其他同事寒暄时"无意中"看见一些东西的。岳峰都没有发觉?是的,没有发觉。因为绝大多数人不务正业的时候,都是精力很集中的。就像我们小时候上课时偷着看闲书,也不知道老师就站在身后。就这么简单。于是,我开始考虑招新人把他换掉。

职场人一定要自觉，不要以为没有人监督你，你就可以不做，你不是小孩和犯人。其实大多数人都不希望自己被人看着，因为看着人是对人不信任的表现。领导都是过来人，你现在用的这些小把戏，也许就是他发明的。不要以为你做什么，别人都不知道。

岳峰和很多精明人一样，不是很乐意承认自己的错误。当我指出他负责的稿件中的一些小纰漏时，他说："你没有告诉我，我又不知道……"我禁不住要笑：是不是要我重新给你上语文课？后来的事情证明了我的猜测。问题的关键不在于是否有人告诉他，而是他自认为聪明，他认定自己就是对的。

当我再次指出他的这个错误时，他的精明立即又表现出来："前几天我问过我一个朋友，他说现在已经通用了。"我没有立即回答他。他又补充道："我这位朋友是北大的研究生。"我想了三秒，说："那我们以市场为标准，让客户来评判我们的产品质量。从这一期开始搞读者挑错活动。如果有一个读者认为这是个错误，那我们以后就必须严格改正。"他愣了一下，片刻，他"哦"了一声，算是同意。

但是岳峰还没有等到读者挑错活动的结果，老板就找他单独谈了一次话。"他没告诉我，我又不知道……"这熟悉的句子我在楼道里都听得一清二楚。过了一会儿，他满脸得意地回到办公室。我却收到了老板发来的消息:"尽快削减他负责的工作,开始招聘新编辑。"

当我向岳峰索取作者名单、相关资料时,他也意识到了什么,问我:"有什么问题吗?"我只是简短地回答了一句:"噢,没有,按上级指示进行资料备份。"事实也确实如此。

一小时后,资料备份完毕,老板找他谈话。不多时,他下楼来收拾东西,办完手续,最后我送他到公司门口。他回过头来似乎想要说什么。我没等他说话,就转身走进了公司。我只是确保他直接走出了公司大门。再要进来,前台小姐自然会询问他。

其实,我不得不承认岳峰确实很聪明。一切都是因为他太精明了。精明得不知道我稍微检查一下就能看出他"写"的稿子是抄袭来的;精明得忘记了他违规工作,没有交给我审核就送去排版的稿子,按照流程最后还要交给我终审;精明得不知道制作部主任会在每周的碰头会上,向我反映他送去排版的稿件严重违规……

岳峰就这样离职了。对于他来说,这天既出乎意料,又在情理之中。因为他随身带了移动硬盘,把自己在公司的资料都拷贝了。再早些时候,他还请过几天假,大概是出去应聘了。没错,他已经不打算在这家公司干了,早就开始寻找其他的工作机会了。这是他的精明之处，但他又精明过头了，决定找新工作之后，就开始敷衍应付眼前的工作。可惜他没有想到，他做的这些事我和公司领导都注意到了，更没想到公司会先解雇他。

　　岳峰的故事告诉我们：做人如果太精明，计算得太多，反而会让自己变得很复杂，让别人难以信任，更难以取得别人的认可。谁会愿意跟一个看起来很复杂的人交往和共事呢？

　　为人不可太精明，最好是谨慎一些，含蓄一些。心机用得过多，便容易不得要领，或自坏其事，或自相矛盾。精明是件好事，而卖弄精明不但会惹人厌，还会毁了自己。

让自己
变成精神上的强者

有人胡乱指责你，你表面不动声色，心里暗想自己不会与这般粗鄙之人计较，这种人只是不了解自己。

有人羞辱你，你不愿反抗，安慰自己说真英雄才不会在意这些，宁做忍辱后发的韩信，不做自断后路的项羽。

有人不断强求你，你不肯拒绝，一边心里滴血一边替人做嫁衣。不仅如此，你还告诉自己有付出必有回报；即便没有，也对得起自己的良心。

不管面对怎样的不公，你总是能迅速地调整自己的心态，让自己变成精神上的强者。虽然你是被欺辱、被占便宜的那一方，但是在你心里，你还是瞧不起那些人。你用悲悯的眼神看着他们，就如同看迷途的羔羊，你从内心深处怜悯他们，觉得他们为了蝇头小利竟然可以露出丑恶的嘴脸，竟然可以忽略人生中真正的美好，实在是可笑又可悲。

每一次在行为上或言语上被旁人牵制之后，你就会化身精神上的巨人，去宽恕他们，原谅他们。这种伟大高尚的情绪充盈了你整个身心，让你觉得自己也变得伟大无比，如同圣人一般。

可是你真的那般形象高大吗？其实，这是你的自尊心在作祟，你只是不敢态度坚定地拒绝他人；同时，心里又不愿承认自己软弱，从而为自己找了一堆看似能说服自己的理由，好让自己看上去是坚不可摧的。

有欺辱，忍着；被强求，应着；困于逆境，永不抵抗，永不拒绝。自以为这是生存之道，自以为这算能屈能伸，却从来没有意识到，一味地逆来顺受，已经抹去了你的血性、激情、抱负。你只是在"屈"而已，哪里有"伸"的机会和勇气？逆来顺受不会改善你的现状，反而将你变得越来越颓废，越来越无所谓。

很多人觉得自己不过是忍一时，不至于忍一世，他日飞黄腾达，自然不会再忍气吞声。可真的是这样吗？我们的生活和工作是从一个环境跳到另一个环境，若你不去改变自己的态度，你脱离了现在的环境，在未来的环境里你也不会有大的转变。你如何过你的一天，你就如何过你的一生。

诚然，我们不需要凡事都摆出一副宁死不屈的态度，但是你至少应该懂得何时说"不",你至少应该懂得自己的时间和精力是有价值的,不能白白付出,在自己的利益受到侵犯的时候,勇敢地站出来为自己申辩和抵抗。

有一些很好很热心但不懂拒绝别人的人,他们并不是不想拒绝,而是不敢拒绝,生怕一不小心,就会伤到跟别人之间的关系,或者伤了对方。可是我想说的是,因为你的拒绝而对你心生不满的人,你又何必与之深交呢?

有一个姑娘,跟同事非常自来熟,同事有什么小事都去找她,今天让她帮忙做个表格,明天让她帮忙写份资料。有一次,一个同事当晚约好相亲,手头有一份文件还没整理完,就拜托这个姑娘帮忙。这个姑娘心里有些不情愿,但还是答应了,结果晚上加班到11点半才完成。其实,这份工作不是很着急,那位同事完全可以第二天继续做,他就是拿准了这个姑娘凡事都忍气吞声的性格才把工作交给她。而这个姑娘也心知肚明,只是没有拆穿,没有拒绝。

生活中,我们也经常遇到别人请我们帮忙的情况。比如,你的同事每天都让你帮忙带早点,并且指定了某几种。当然他求你是有原因的,或是住的地方太远或是容易睡过头或是上班路上没早点铺,而你每天上班都经过早点铺,觉得没问题便答应了。可是你也有不方便的时候,有时会起晚,有时会堵车,如果不用给他买早点，自己带点面包或饼干就打发了；可就是因为要给他买早点，顶着迟到的风险也要去排队。你很想拒绝，又觉得自己不厚道，因为对方事前给了早点钱事后又热情道谢，这让你很难说"不"。

时间长了，你表面上不说，心里却越来越不满，因为没法将拒绝说出口，你只好安慰自己就当锻炼身体，就当提高自己的修养。可是这种安慰只能发挥一时的作用，你做不到每天都这样安慰自己。你开始将焦躁的情绪带到工作中，甚至一想到那个同事你就会心烦，一看到他心情就变糟。可即便如此，你还是坚持要逆来顺受不做"抵抗"，这不是在给自己制造麻烦吗？

有时候人们把拒绝的后果想得太严重，觉得拒绝一说出口，缘分就得两边走。可是真的有那么多人会因为别人的合理拒绝而心生怨恨吗？如果对方是这样小心眼而又自私的人，你要做的就是远离他。

我们身边的多数人，在请求他人时都怀着感激之情，而即便对方拒绝了，也不会因此而愤恨，仍然会向对方表示感谢，这才是常态。因此，你也不用将自己逼到忍无可忍的地步，觉得不能忍，直接说出来就好。

逆来顺受，并没有办法帮你摆脱逆境；相反，它可能将你困在其中动弹不得。想要摆脱逆境，正确的方法应该是直接打破，勇敢说"不"，而不是找出各种冠冕堂皇的理由来为自己的胆怯开脱。

你坦荡，别人也会坦荡。当你无法帮助别人时，坦荡地说出来，别人自然能坦然接受。面对别人的请求，如果你摆出一副满腹心事的样子，反而会引来别人的猜忌。

趁还年轻，
坚守自己的意愿

有个女孩，大学毕业一年了，依然待业在家。有一天，家里来了客人，女孩的母亲就自然而然和客人聊起了家常。当听说对方的孩子大学刚毕业，就找到了一份好工作，女孩的母亲羡慕得不得了。她说，如果我的女儿能有你孩子一半能干和懂事，我就不需要操那么多心了。

谁知道，两人的谈话被待在自己房间里的女孩听到了。她气急败坏地跑出来，对着自己的母亲大吼："你说够了吗？我的脸都给你说没了！难道是我不努力找工作吗？我尽力了，就是找不到我喜欢的工作，好吗！"

自此，母女俩的关系出现严重裂痕，矛盾不断激化。一天一小吵，三天一大闹。简直到了水火不相容的地步。母亲没办法，只好找到某电视台的调解节目帮忙。

母亲指责女儿不懂事、任性，伤透了她的心。她和女孩的父亲早离婚了，一个人含辛茹苦把女儿养大，然后千辛万苦供她上完大学。原以为女儿大学毕业，就有出息了。但没想到，女儿大学毕业后至今，没找到一份像样的工作，一直待在家里啃老。

女儿也指责母亲霸道，从小对她严厉管教。就连她上大学的专业，都是妈妈替她选的，说那是热门专业，将来好找工作。从小，她就不能有自己的主见，一切都要听妈妈的。大学毕业后，她没有按照自己的专业去找工作，因为她压根就不喜欢这个专业，而是应聘到某企业做了自己喜欢的销售工作。

母亲一听说女儿居然去干销售员，气不打一处来，逼着她辞职，要她重新去找体面的工作。女儿不同意，母亲就到她单位去闹。没办法，她只好离开了那个公司。

后来，她又陆陆续续找了几份工作，都因为母亲不满意而作罢了。她四处投了几份简历，也是石沉大海。最后，她一怒之下，不再出去找工作，只把自己关在房间里。作息时间全部混乱，白天睡觉，晚上则像夜猫子似的，清醒得很，玩电脑。她不和母亲交流，不吃饭，饿的时候吃零食。垃圾食品吃得太多了，她的身体也变得虚胖起来。妈妈拿她一点办法都没有。

看到这里，我们就基本清楚了。一个强势的母亲和一个软弱的女儿的战争，没有赢家，只有受伤的两个人。后经调解和开导，母女俩都意识到自身的错误，表示都要改变。

生活中，我们会看到这样懦弱、没有主见的女孩。我们当然可以说，这样的性格与她们的个性及生活环境有很大关系，但是缺乏勇气毕竟需要纠正。

这不禁让我又想起另一个女孩。同样遭遇强势的家长，但因为她有足够的勇气，坚决依心而行，随心而动，终于走出了属于自己的人生之路。

厦门有一家不太大的美容美体店，店主是一位名叫冬冬的女孩。女孩出身军旅之家，她有一个学识渊博却很强势的父亲。父亲从小望女成凤，他规划好了要让女儿成才的路。但女儿自小生性顽皮、聪明、有主见。她不肯按照父亲为他规划好的路走，而是选择遵循自己的意愿，报读了自己兴趣浓厚的大学及专业。

毕业后，父亲又想给她找一份好工作，她又拒绝了。父亲一气之下威胁她要脱离父女关系，女孩深知自己的人生需自己掌握，然后直奔厦门，就职于某企业。两年后，她又辞职，赴上海一家化妆品机构学习美容美体。又过了两年，她回到厦门，开始了美容美体职业生涯。创业初期，她吃尽了苦头。但凭借自己的一股狠劲儿，还有对事业的执着和以诚待人的态度，应该说取得了不错的成绩。

如今的冬冬,不仅事业有成,也收获了自己的爱情,还和父母生活在一起,关系特别融洽。她因为坚守自己的意愿,终于过上了自己想要的生活。

其实,很多时候,你不努力,真的不知道自己有多么优秀。当我们做事不成功的时候,不要给自己找借口下台阶,认为是别人挡了自己前进的道路。比如第一个女孩,她怪母亲从中作梗,扰乱了她的人生方向。但如果她足够独立,有勇气,真的做到依心而行,完全有机会向母亲证明自己的选择是正确的,让母亲放心,让她为自己骄傲。她不该赌气地自暴自弃,和母亲对抗。这根本不能解决任何问题,只会让问题不断恶化,矛盾加深。

冬冬的确是聪明的女孩。她知道父亲是为了她着想,怕她吃苦,所以才阻止她去外面闯荡的。但她更明白,如果按照父亲给自己选择的路走,而自己的人生不能自己做主,不能说将来一定会后悔,但至少会感到遗憾的,因为这不是自己选择的路。在一些时候,你要"无视"身边的人"为你着想",然后依心而行,随心而动,这样才能得到你最想要的。

青春飞扬,哪个女孩没有自己的梦想。但现实遭遇的种种事,会让一个人放弃梦想,使得梦想渐行渐远,最后变成了遥不可及的奢望。其实，你放弃梦想，梦想也会抛弃你。只有那些不辞辛劳、为梦想努力奋斗、越过艰难险阻的人，才能到达梦想彼岸。

无论你是谁，无论你正经历着什么，只要肯为梦想而坚持，有一天你会发现所有吃过的苦都是值得的。谁的青春不曾颠沛流离？谁的青春不曾有过伤痕和泪水？这是成长的必经之路，走过去，你会看到不一样的风景，会发现一个不一样的自己。你还要保有一颗健康的、积极向上的心。有这样的一颗心陪伴，你不会迷失了自己。

累了，痛了，摔倒了，可以哭，但要记得：在哪里摔倒，就在哪里重新爬起来，擦干眼泪继续微笑前行。人生在世，往往会受到这样或那样的伤害。对坚强的人来说，累累伤痕都是生命赐予的最好礼物，微笑着去面对是一种豁达。要相信，你的微笑就像阳光一样，可以驱散头顶笼罩的乌云。学会珍惜生活给予你的一切，好的坏的，都能坦然地、淡然地面对，这样的你，怎么会走不出自己的一片天地呢？

青春是你自己的，未来也是你自己的，自己的路总归要自己走。别怕反对的声音，只要你走通了、走对了，那些曾经反对你的人，会对你刮目相看的。哪怕走错了，也没关系，年轻的时候谁没走错几步？因为年轻，你还可以重来，还可以修正自己。与其未来留遗憾，不如潇洒走一回。

所以，趁还年轻，为梦想做主吧！现在就要依心而行，随心而动！要知道，没有比这更好地取悦自己的方式了！